요리가 된 떡볶이

요리가 된 떡볶이

지은이 이현경
펴낸이 임상진
펴낸곳 (주)넥서스

초판 1쇄 발행 2011년 9월 30일
초판 6쇄 발행 2015년 11월 10일

2판 1쇄 인쇄 2016년 11월 20일
2판 1쇄 발행 2016년 12월 5일

출판신고 1992년 4월 3일 제311-2002-2호
10880 경기도 파주시 지목로 5
Tel (02)330-5500   Fax (02)330-5555
ISBN 979-11-5752-966-7   13590

www.nexusbook.com
넥서스BOOKS는 넥서스의 실용 브랜드입니다.

나.혼.자.뚝.딱

요리가 된 떡볶이

이현경 지음

넥서스BOOKS

떡볶이는 이제 한국인의 대표 먹거리

떡볶이는 우리의 전통 음식이자, 한국 사람이라면 남녀노소 누구나 좋아하는 국민 간식입니다. 주머니가 가벼운 학생들이 허기진 배를 채우기에도 부담이 없고, 중장년층에게는 어린 시절의 추억을 떠올리게 하는 음식이기도 합니다.

한식의 세계화 열풍과 정부의 쌀 소비 정책으로 인해 떡볶이에 대한 관심이 더욱 높아지고 있습니다. 떡볶이는 이제 길거리 음식이 아닌, 맛의 표준화를 이룬 대표적인 간식거리가 되었습니다. 많은 업체가 떡볶이를 브랜드화했으며, 전문화와 경쟁력 강화를 통해 떡볶이 시장은 계속 성장하고 있습니다.

저는 마니아를 자청할 정도로 떡볶이를 좋아합니다. 어릴 적부터 떡볶이를 무척 좋아해서 자주 만들어 먹곤 했는데, 이를 계기로 요리에 관심을 갖게 되었고 요리 연구가로까지 활동하게 되었습니다. 같은 사람이 만들어도 항상 맛이 달랐던 떡볶이를 항상 똑같은 맛을 낼 수 있도록 매뉴얼화했으며 현재는 '아딸(아버지튀김 딸떡볶이)'이라는 떡볶이 프랜차이즈 업체를 운영하고 있습니다.

이제는 떡볶이가 우리가 흔히 생각하는 간식 개념이 아닌, 고급 요리로 변화 가능하다는 것을 보여 주고자 책을 펴내게 되었습니다. 손님 접대나 각종 모임에도 손색이 없는 떡볶이를 표준화된 레시피로 누구나 쉽고 간단하게 조리할 수 있도록 만들었습니다. 또한 우리의 음식 떡볶이를 외국인까지 맛있게 즐길 수 있도록 레시피를 다양화했습니다.

길거리 음식에서 요리가 된 떡볶이로 그리고 한식의 세계화를 주도할 한국인의 대표 먹거리로 변신할 때까지 앞으로도 저의 노력은 계속될 것입니다.

이현경

PART ❶
추억의 떡볶이

PART ❷
우리 아이 건강 떡볶이

PART **3**

손님 접대 떡볶이

PART **4**

한국의 전통 음식 떡볶이

PART **5**

다이어트 떡볶이

PART 6
세계 속의 떡볶이

PART 7
색다른 떡볶이

PART 8
남은 떡볶이 요리

떡볶이 떡의 종류와 특징

이 책에서 소개하는 떡볶이는 아래의 떡을 주재료로 이용해서 요리한다.
각기 다른 개성과 맛을 내는 떡볶이 떡의 종류와 그 특징을 살펴보자.

1. 쌀떡

떡볶이에 가장 많이 사용되는 떡이
다. 부드럽고 차지며 소화가 잘 되어
남녀노소 누구나 즐기기에 좋다.

2. 밀떡

쌀떡보다 어두운 색깔을 띠고 글루텐
성분을 다량 함유하고 있어 식감이 쫄
깃쫄깃하다.

3. 새알떡

팥죽에 쓰이는 동글동글한 떡이다. 크
기가 작아 빠른 시간 안에 조리하는
요리나 간간한 요리에 잘 어울린다.

4. 가래떡

조리하지 않고 그냥 꿀에 찍어 먹어
도 맛있는 떡이다. 굵기 때문에 오래
조리해야 하는 찜 종류에 어울린다.

5. 모양떡

눈사람, 별, 하트까지 아이들이 좋아
하는 모양으로 만든 떡이다. 아이들의
간식을 만들 때 이용하면 좋다.

6. 조랭이떡

새알떡과 마찬가지로 빠른 시간 안에 조
리하는 요리나 간간한 요리에 어울린다.
적은 양념으로도 맛있는 요리를 완성할
수 있다.

7. 치즈떡

떡 속에 모차렐라 치즈가 들어 있어 주로
떡볶이 퓨전 요리에 이용한다. 매운 맛을
중화시킬 때도 효과적이다.

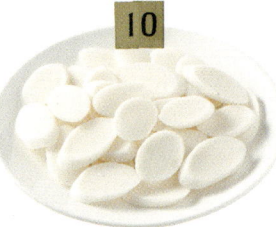

8. 한입떡

떡볶이의 길이를 줄이고 굵기를 늘려
한입에 먹을 수 있게 만든 떡이다. 다
양한 떡볶이 요리에 활용한다.

9. 호리호리떡

떡이 얇아 양념이 떡 속까지 잘 밴다.
무거운 양념보다 가벼운 양념 요리에
이용한다.

10. 떡국떡

가래떡을 썰어 말린 떡으로 떡국에 쓴
다. 오래 보관할 수 있다는 이점 때문
에 떡볶이 떡으로도 종종 쓴다.

떡볶이 양념에 들어가는 재료들

떡볶이 양념은 들어가는 재료의 비율에 따라 각기 다른 맛을 낸다.
다양한 양념을 살펴보고 맛의 황금 비율을 찾아 보자.

1. 고추장
떡볶이에서 빼 놓을 수 없는 가장 중요한 양념이다. 매콤한 맛을 내는 떡볶이의 일등공신이다.

2. 고춧가루
고추장의 매운 맛에 칼칼함을 더해 주는 양념이다. 떡볶이의 색깔을 붉고 선명하게 만들어 준다.

3. 가쓰오 장국
떡볶이 요리에 깊은 맛을 더해 준다. 가쓰오 장국 한두 숟가락으로 떡볶이의 감칠맛을 낼 수 있다.

4. 올리고당
떡볶이에 단맛을 내면서 끈기를 유지시켜 주는 재료이다. 설탕이나 물엿으로 대신하기도 한다.

5. 굴 소스
주로 중국 요리에 쓰이는 재료이다. 굴소스 하나만으로도 중국 음식의 풍미를 돋울 수 있다.

6. 올리브유
불포화 지방산이 풍부해 볶음 요리뿐 아니라 드레싱을 이용한 떡볶이 요리에 자주 이용된다.

7. 맛술
음식의 비린내 및 잡내를 잡을 때 쓰이는 재료이다. 해산물이나 고기를 조리할 때 이용된다.

8. 케첩
맵지 않은 떡볶이를 만들 때 이용된다. 고추장과 섞으면 매운맛을 가라앉히고 부드러운 맛을 낸다.

9. 피자 소스
토마토를 끓여서 만든 소스로 주로 퓨전 떡볶이 요리를 만들 때 이용된다.

10. 크림 소스
생크림, 우유, 버터를 이용해 만든 소스로 퓨전 떡볶이 요리를 만들 때 이용된다.

11. 발사믹 소스
발사믹 식초를 이용해 만든 소스이다. 싱싱한 재료의 맛을 살려 주기 때문에 주로 드레싱에 이용된다.

12. 참기름
요리의 마지막에 풍미를 더해 주는 재료이다. 요리에 고소함을 더해 음식의 완성도를 높여 준다.

Check Check

● 떡볶이 재료 계량법

① 이 책에 표시된 'T'는 계량스푼의 단위이다.
　계량스푼 한 숟가락은 밥 숟가락의 1.5배이다.

② 액체를 종이컵에 가득 담으면 200㎖이다.

● 떡볶이 기본 양념 소스 비율법

떡볶이의 기본 양념은 가쓰오 장국, 고추장, 고춧가루,
올리고당이 1:1:2:2의 비율로 들어간다.

김말이 떡볶이

어린 시절을 떠올리게 하는 추억의 떡볶이 요리 베스트 100이다. 시원한 국물을 자랑
하는 국물 떡볶이부터 아이들이 좋아하는 케첩 떡볶이까지 길거리표 떡볶이의 맛의
비법을 전수한다.

추억의 떡볶이

두고두고 생각나는 그 맛

국물 떡볶이

PART 1 추억의 떡볶이

한국인이라면 누구나 떡볶이에 대한 한두 가지 추억을 가지고 있습니다. 그 중에는 방과 후에 쪼르르 달려가 허기진 배를 채우곤 하던 학교 앞 분식집 떡볶이에 대한 추억도 있지요.

떡볶이를 만드는 방식은 지역마다 조금씩 다른데 문산에 있는 시장 떡볶이는 특이하게도 고추장이나 고춧가루를 넣지 않고 어묵 육수에 떡볶이 떡을 넣어요. 별다른 양념이 없어도 자꾸 입맛을 당긴답니다.

이 떡볶이의 매력은 깔끔하고 감칠맛 나는 국물에 있습니다. 가쓰오 장국을 사용하면 누구나 쉽게 깔끔한 국물 떡볶이를 만들 수 있답니다.

난이도 ★★☆
요리 양 2인분
조리 시간 20분

재료
....
쌀떡 150g
모듬 어묵 80g
당근 1/4개
대파 1/2대
물 400ml
가쓰오 장국 2T
....

이렇게 만들어요

1 어묵과 당근은 한입 크기로, 대파는 어슷하게 썬다.

2 떡에 물과 가쓰오 장국을 넣고 끓인다.

3 떡이 말랑해지면 어묵을 넣고 끓인다.

4 당근과 대파를 넣는다.

김말이 튀김은 떡볶이와 단짝입니다. 떡볶이 소스가 스며든 김말이를 한입 베어 물면 환상적인 맛을 자랑하지요. 간혹 김말이를 떡볶이와 함께 끓이는 곳도 있는데 그렇게 하면 김말이 튀김옷이 눅눅해져서 맛이 없답니다. 자고로 김말이는 튀겨서 바로 떡볶이 소스에 찍어 먹는 게 최고입니다.
김말이 튀김은 생일이나 명절에 남은 잡채로 만들어도 좋은데, 김에 잡채를 넣고 돌돌 말면 그만이랍니다. 이렇게 만들어 놓은 김말이는 냉동해 두면 오랫동안 먹을 수 있습니다.

난이도 ★★☆
요리 양 2인분
조리 시간 25분

재료

쌀떡 150g
김말이 3개
사각 어묵 1장
당근 1/4개
대파 1/2대
양배추 20g
양파 1/4개
물 300ml

양념
가쓰오 장국 1T
고추장 1T
고춧가루 2T
올리고당 2T

1 당근과 양파는 채로, 대파는 어슷하게, 어묵과 양배추는 한입 크기로 썬다.

2 김말이를 기름에 튀겨 놓는다.

3 물에 양념을 넣고 끓이다가 쌀떡과 썰어 놓은 채소, 어묵을 넣는다.

4 떡과 채소가 익으면 튀겨 놓은 김말이를 곁들인다.

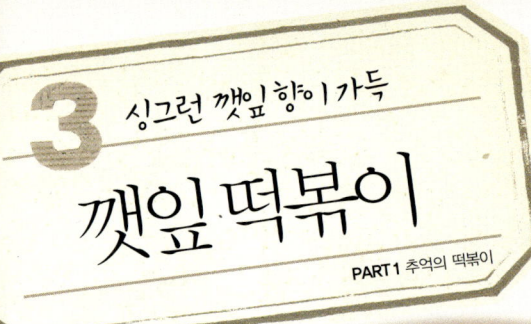

깻잎 떡볶이

PART 1 추억의 떡볶이

깻잎 특유의 향을 내는 것은 바로 정유 성분(Perill keton)인데 이는 인체 내에서 방부제 역할을 합니다. 깻잎에는 치매를 예방하는 로즈마리산과 가바 성분이 다량 함유되어 있어 뇌 활동을 활발하게 해주고 칼륨, 칼슘, 철분 등의 무기질 함량이 높아 깻잎 30g 정도만 섭취하면 하루에 필요한 철분이 공급됩니다.

맛있는 깻잎 떡볶이 안에 이렇게 좋은 효능까지 있답니다. 깻잎 떡볶이를 통해 맛과 건강을 동시에 챙겨 보세요.

난이도 ★☆☆
요리 양 2인분
조리 시간 20분

재료

쌀떡 150g
깻잎 5장
사각 어묵 1장
당근 1/4개
대파 1/4대
양배추 20g
물 300ml

양념
가쓰오 장국 1T
고추장 1T
고춧가루 2T
올리고당 2T

이렇게
만들어요

1 깻잎, 당근, 양배추, 어묵을 한 입 크기로 썬다.

2 물에 양념을 넣고 끓이다가 쌀떡을 넣는다.

3 떡이 말랑해지면 썰어 놓은 당근, 양배추, 어묵을 넣는다.

4 국물이 자작해지면 깻잎과 대파를 넣고 마무리한다.

당면 떡볶이

PART 1 추억의 떡볶이

당면은 물을 많이 흡수하기 때문에 국물이 넉넉할 때 넣어 줘야 합니다. 뜨거운 물에 당면을 담그면 금방 붙기 때문에 시간의 여유가 있다면 차가운 물에서 천천히 불리는 게 좋아요.
당면을 따로 삶아 떡볶이에 넣으면 떡과 면을 동시에 넣는 것보다 더 쫄깃하게 먹을 수 있어요. 당면을 삶을 때 옥수수유를 살짝 넣으면 면발이 쫄깃하고 탱탱해진답니다.

난이도 ★☆☆
요리 양 2인분
조리 시간 25분

재료
....
한입떡 150g
당면 15g
사각 어묵 1장
대파 1/2대
양파 1/4개
물 300ml

양념
고추장 1T
고춧가루 1T
올리고당 2T
....

이렇게 만들어요

1 당면은 미지근한 물에 불려 놓는다.

2 물에 양념을 넣고 끓이다가 떡을 넣는다.

3 떡이 말랑해지면 불려 놓은 당면과 어묵을 넣어 끓인다.

4 당면이 익으면 대파와 양파를 넣어 마무리한다.

라볶이는 떡볶이와 라면을 한꺼번에 먹는 일석이
조의 음식입니다.
퍼진 라면 면발이 싫다면 라면 사리를 따로 삶아서
떡볶이 소스에 섞어 보세요. 면도 더욱 꼬들꼬들해
지고 양념도 맛있게 스며들어 라볶이가 더 맛있어
진답니다.

난이도 ★☆☆
요리 양 2인분
조리 시간 20분

재료
....
밀떡 100g
라면 사리 1개
모둠 어묵 100g
당근 1/4개
대파 1/2대
양파 1/2개
물 300ml

양념
가쓰오 장국 1T
고추장 1T
고춧가루 1T
올리고당 2T
....

이렇게 만들어요

1 라면 사리를 준비한다.

2 당근과 양파, 어묵은 한입 크기
로 썰고, 대파는 어슷하게 썰어
준다.

3 물에 양념을 넣고 끓이다가 밀
떡을 넣는다.

4 떡이 말랑해지면 라면 사리를
넣고 반쯤 익으면 준비한 채소
와 어묵을 넣고 끓인다.

가래떡 떡볶이

PART 1 추억의 떡볶이

가래떡 떡볶이는 부산에서 즐겨 먹는 떡볶이입니다. 가래떡은 일반 떡볶이 떡보다 굵기 때문에 양념이 배는 시간이 오래 걸립니다. 만약 떡이 딱딱하다면 가래떡을 미리 삶아 말랑말랑하게 만들어 놓으세요. 요리하는 시간을 절약할 수 있답니다.
가쓰오 장국이나 어묵 육수를 이용하면 한층 더 깊고 감칠맛이 나는 떡볶이를 만들 수 있어요. 그 육수에 굵은 가래떡을 넣으면 부산에서 맛볼 수 있는 가래떡 꼬치가 됩니다.

난이도 ★☆☆
요리 양 2인분
조리 시간 20분

재료
....
가래떡 250g
사각 어묵 2장
대파 1/2대
물 300ml

양념
가쓰오 장국 1T
고추장 1T
고춧가루 2T
올리고당 2T
....

1 어묵을 한입 크기로 썬다.

2 대파를 손가락 길이로 썬다.

3 물에 양념을 넣고 끓이다가 가래떡을 넣는다.

4 떡이 말랑해지면 어묵과 파를 넣고 끓인다.

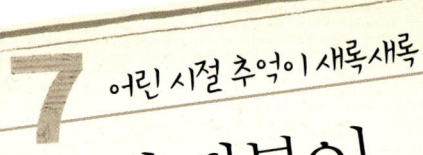

어린 시절 학교 앞에서 한 번쯤 먹어 본 밀 떡볶이예요. 쌀 떡볶이보다 밀 떡볶이가 더 저렴해서 과거에 대부분의 학교 앞 가게에서는 밀 떡볶이로 떡볶이를 만들었습니다. 밀가루로 만든 떡이라고 하면 쌀로 만든 떡보다 쫄깃함이 덜할 거라고 생각하는 사람이 많은데 밀떡은 부드러우면서도 쫄깃쫄깃한 맛이 일품이랍니다.

요즘은 예전처럼 밀떡이 흔하지 않지만 밀떡 특유의 쫄깃함을 좋아하는 마니아층도 많답니다. 단, 오래 끓이면 떡 겉면이 불기 때문에 시간 조절이 관건입니다.

난이도 ★★☆
요리 양 2인분
조리 시간 20분

재료
....
밀떡 250g
사각 어묵 2장
당근 1/4개
대파 1/2대
양배추 20g
물 300ml

양념
가쓰오 장국 1T
고추장 1T
고춧가루 2T
올리고당 2T
....

이렇게 만들어요

1 당근과 양배추, 어묵은 한입 크기로, 대파는 어슷하게 썬다.

2 물에 양념을 넣고 끓이다가 밀떡을 넣는다.

3 떡이 말랑해지면 어묵을 넣고 끓인다.

4 국물이 자작해지면 썰어 둔 채소를 넣는다.

8

매콤달콤 쫄깃쫄깃

떡강정 떡볶이

PART 1 추억의 떡볶이

매콤 달콤한 소스에 버무려진 바삭한 떡강정은 맛있는 별미 간식입니다. 밀떡으로 떡강정을 만들면 식어도 말랑말랑함이 오래간답니다.
명절에 먹고 남은 가래떡을 이용해 만들어도 좋아요. 그러나 너무 오래 튀기면 떡이 '뻥' 하고 터져서 자칫하면 다칠 수 있습니다. 떡이 갈라지기 시작한다 싶으면 기름에서 떡을 바로 꺼내 주세요. 튀김 온도는 140~160℃가 적당합니다.

난이도 ★★☆
요리 양 2인분
조리 시간 25분

재료
....
밀떡 150g
땅콩 분태 20g
옥수수유 500ml
참기름 2T

양념
고추장 1T
고춧가루 1/2T
다진 마늘 1/2T
물 3T
올리고당 2T
케첩 1T
....

이렇게 만들어요

1 소스 볼에 분량의 양념 재료를 넣고 양념을 만들어 준다.

2 달궈진 팬에 참기름을 두르고 섞어 놓은 소스를 볶으면서 졸인다.

3 기름을 끓여 밀떡을 튀긴다.

4 졸여진 소스에 튀긴 밀떡을 넣어 버무린 뒤 땅콩 분태를 뿌려 마무리한다.

떡볶이 소스에는 고기만두보다 당면만두가 더 잘 어울립니다. 당면만두는 많은 재료가 들어가지 않아서 집에서 간편하게 만들기에 좋답니다.
먼저 물에 불린 당면을 삶아서 잘게 다진 대파를 넣고 간장, 소금, 후추로 간을 합니다. 그 뒤에 속재료를 만두피에 넣고 빚어 준 뒤 튀겨 내기만 하면 완성이에요. 고기는 들어가지 않지만 맛이 좋답니다.

난이도 ★★☆
요리 양 2인분
조리 시간 30분

재료
....
밀떡 150g
튀김만두 5개
사각 어묵 1장
당근 1/4개
대파 1/2대
물 200ml

양념
가쓰오 장국 1T
고추장 1T
고춧가루 1T
올리고당 2T
....

1 당근과 어묵은 한입 크기로, 대파는 어슷하게 썬다.

2 만두를 기름에 튀긴다.

3 물에 양념을 풀어 떡을 넣고 끓이다가 채소와 어묵을 넣는다.

4 떡이 말랑해지면 튀겨 놓은 만두를 곁들인다.

이렇게 만들어요

10 아이들을 위한 새콤달콤 요리

케첩 떡볶이

PART 1 추억의 떡볶이

고추장이 들어간 매운 떡볶이를 잘 먹지 못하는 아이들을 위해 만든 떡볶이입니다. 새콤달콤한 맛은 아이들뿐 아니라 어른들의 입맛에도 딱이랍니다. 냉장고에 남은 토마토나 파스타 소스가 있다면 넣어 보세요. 스파게티보다 맛있는 떡볶이가 탄생한답니다.

이렇게 만들어요

1 떡에 물과 간장, 올리고당을 넣고 끓이다가 케첩을 넣는다.

2 떡이 익을 때까지 끓인다.

3 떡이 말랑해지면 어묵을 넣고 끓인다.

4 국물이 자작하게 될 때까지 끓인다.

난이도 ★☆☆
요리 양 2인분
조리 시간 20분

재료
. . . .
모양떡 150g
케첩 3T
사각 어묵 2장
물 200ml
간장 1/2T
올리고당 2T
. . . .

브로콜리 떡볶이

편식하는 아이에게 채소를 먹이는 것은 쉬운 일이 아니다. 하지만 아이들이 좋아하는 떡볶이 속에 채소를 넣으면 쉽게 먹일 수 있다. 면역력을 높여 주는 마늘크림 떡볶이부터 비타민이 풍부한 나물 떡볶이까지 다양한 떡볶이 요리로 우리 아이들에게 맛과 영양을 동시에 선사해 보자.

우리 아이 건강 떡볶이

고소한 향기가 솔솔

마늘크림 떡볶이

PART 2 우리 아이 건강 떡볶이

마늘에서 매운맛을 내는 알리신은 페니실린보다 더 강력한 살균력과 항균력을 가지고 있어요. 알리신은 몸속 나쁜 세균의 작용을 저하시켜 면역력 증강에 큰 효과가 있지만 아이들은 향 때문에 마늘에 대해 거부감을 많이 느낍니다. 이럴 때엔 마늘을 구워서 조리하면 매운 향은 사라지고 단맛과 고소한 맛이 나서 아이들도 거부감 없이 먹을 수 있답니다.

난이도 ★☆☆
요리 양 2인분
조리 시간 25분

재료
....
호리호리떡 150g
마늘 10알
베이컨 2줄
빨강피망 1/4개
파랑피망 1/4개
생크림 3T
우유 100ml
올리브유 2T
소금 약간
후추 약간
....

이렇게 만들어요

1 빨강피망과 파랑피망은 다지고, 베이컨은 구워서 한입 크기로 썬다.

2 올리브유를 두르고 통마늘을 노릇하게 굽는다.

3 생크림과 우유를 넣고 끓인다.

4 소스가 끓기 시작하면 베이컨을 넣는다.

5 떡을 넣고 끓인다.

6 국물이 자작해지면 다진 피망을 넣고 마무리한다.

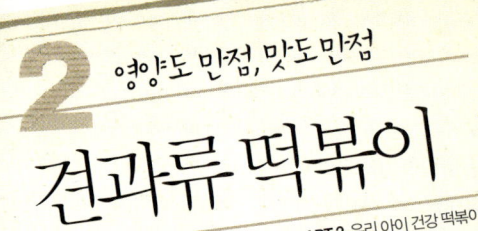

2

영양도 만점, 맛도만점

견과류 떡볶이

PART 2 우리 아이 건강 떡볶이

견과류에 들어 있는 미네랄은 수분 밸런스 등 몸이 가진 면역력을 유지하고 증진시키는 역할을 합니다. 미네랄은 아이들의 성장에 꼭 필요한 영양소이지만 단백질이나 비타민에 비해 잘 챙겨 먹지 못하는 경우가 많습니다.

떡볶이에 고소한 견과류를 듬뿍 넣어 우리 아이의 건강을 지켜 주세요.

1 다양한 견과류를 준비한다.

2 팬에 간장과 물, 올리고당을 넣고 끓이다가 떡을 넣는다.

3 국물이 반으로 줄면 견과류를 넣고 졸인다.

4 참기름을 넣어 마무리한다.

난이도 ★ ☆ ☆
요리 양 2인분
조리 시간 30분

재료
....

모양떡 100g
견과류(잣, 호두, 호박씨, 아몬드, 땅콩 등) 각 20g
물 200ml
간장 2T
올리고당 3T
참기름 1T
....

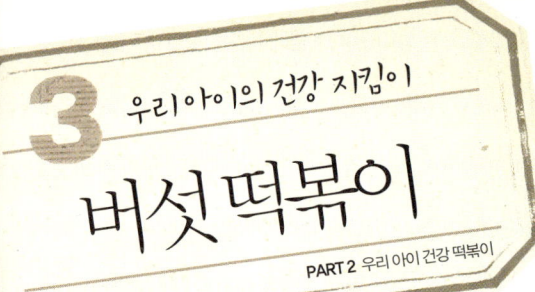

3 우리아이의 건강 지킴이

버섯 떡볶이

PART 2 우리 아이 건강 떡볶이

데리야키 소스가 들어간 버섯 떡볶이는 달콤한 맛
때문에 버섯을 좋아하지 않는 아이들도 맛있게 먹
을 수 있는 요리입니다.
항암 치료에 효과적이라고 알려진 버섯은 활성 산
소를 제거하고 항산화 작용을 합니다. 버섯에 많이
들어 있는 베타 글루칸 성분은 외부에서 침입한 바
이러스나 병원체를 죽이고 세포를 활성화시켜 주
기 때문에 버섯은 우리 아이들 면역력 강화에 그만
인 식품이에요.

1 표고버섯과 새송이버섯은 편
으로 썰고, 느타리버섯과 팽이
버섯은 잘게 찢는다.

2 달궈진 팬에 참기름을 두르고
떡을 볶는다.

3 떡이 말랑해지면 데리야키 소
스를 넣고 볶는다.

4 버섯을 넣고 볶다가 참기름을
넣고 마무리한다.

난이도 ★☆☆
요리 양 2인분
조리 시간 20분

재료
....
쌀떡 150g
모둠 버섯(표고버섯, 새송이버섯, 느타리버섯, 팽이버섯) 100g
데리야키 소스 2T
참기름 1/2T
....

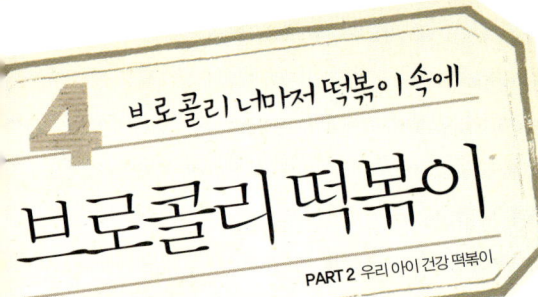

브로콜리 떡볶이

PART 2 우리 아이 건강 떡볶이

새우 향이 배인 굴 소스가 브로콜리 사이사이로 스며들어 브로콜리만 먹어도 맛있는 요리입니다. 채소를 싫어하는 아이들도 소스가 촉촉하게 밴 브로콜리를 먹으면 맛있다며 젓가락을 놓지 않을 거예요. 브로콜리에 풍부하게 들어 있는 비타민 A는 시력을 보호하고 점막의 저항력을 강화시켜 세균 감염을 막는 역할을 합니다. 브로콜리를 살짝 데치면 영양 성분을 고스란히 섭취할 수 있지만 데친 후 찬물에 담그면 영양소가 파괴된다는 것을 잊지 마세요.

난이도 ★☆☆
요리 양 2인분
조리 시간 20분

재료
....

치즈떡 150g
브로콜리 1개
칵테일 새우 60g
캔 옥수수 30g
물 200ml
굴 소스 2T
올리고당 1T
참기름 1T
....

이렇게 만들어요

1 브로콜리는 한입 크기로 썰고, 캔 옥수수와 칵테일 새우는 물기를 제거한다.

2 브로콜리는 끓는 물에 살짝 데친다.

3 물과 굴 소스, 올리고당을 넣고 끓이다가 떡을 넣는다.

4 떡이 말랑해지면 브로콜리와 새우, 캔 옥수수를 넣고 졸이다가 마지막에 참기름을 넣는다.

양파에 다량으로 함유된 셀레늄은 면역력을 증가시키는 작용을 합니다. 양파는 열을 가하면 단맛이 나기 때문에 설탕이나 올리고당을 따로 넣지 않아도 된답니다. 고소하고 부드러운 맛을 내는 양파 떡볶이는 아이들의 영양 간식으로 으뜸이에요.

이렇게 만들어요

1 양파와 피망을 잘게 다진다.

2 올리브유를 두르고 다진 양파를 볶는다.

3 양파가 반투명해지면 생크림과 물을 넣고 끓이다가 떡을 넣는다.

4 떡이 말랑하게 익으면 다진 피망을 넣고 소금과 후추로 간을 한다.

난이도 ★★☆
요리 양 2인분
조리 시간 20분

재료
....

한입떡 150g
양파 1개
빨강피망 1/4개
파랑피망 1/4개
물 200ml
생크림 30g
올리브유 1T
소금 약간
후추 약간
....

딸기가 좋아, 바나나가 좋아

요거트바나나 떡볶이

PART 2 우리 아이 건강 떡볶이

요거트에 들어 있는 유산균과 바나나에 들어 있는
베타카로틴, 비타민 A는 우리 몸의 면역력을 높여
줍니다.
이 재료들을 이용해 요거트바나나 떡볶이를 만들
어 보았어요. 새콤달콤한 딸기잼이 들어간 떡이 요
거트에 풍덩 빠져 보기에도 예쁘고 맛도 좋답니다.
일회용 컵 용기에 넣어 도시락 디저트로 곁들여도
그만이랍니다.

이렇게
만들어요

1 바나나와 딸기잼, 플레인 요거
트를 준비한다.

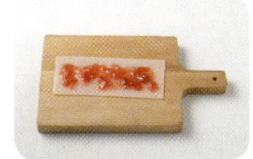

2 쌈용 떡 위에 딸기잼을 얇게 바
른다.

3 잼을 바른 떡을 만다.

4 말아 놓은 떡을 한입 크기로 썰
어 바나나와 함께 요거트 위에
올린다.

난이도 ★ ☆ ☆
요리 양 1인분
조리 시간 10분

재료
....
쌈떡 1장
바나나 1개
플레인 요거트 200g
딸기잼 1T
....

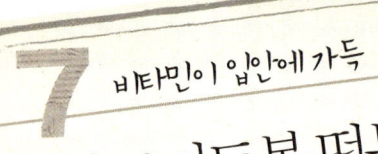

새콤달콤한 토마토미트볼 떡볶이는 매운 음식을 잘 먹지 못하는 아이들이 건강하고 맛있게 먹을 수 있는 요리입니다.

토마토 속에는 다양한 비타민이 함유되어 있는데 이 영양소를 최대한 살려 먹으려면 그냥 먹는 것보다 기름에 살짝 익혀서 먹는 게 훨씬 좋습니다. 익힌 토마토에는 생 토마토보다 비타민 C가 2.5배, 칼슘, 칼륨, 비타민 A가 5배, 비타민 B_1이 4배, 비타민 B_2가 무려 6배나 더 많이 들어 있답니다.

난이도 ★☆☆
요리 양 2인분
조리 시간 20분

재료
....
치즈떡 150g
미트볼 10개
방울토마토 14개
케첩 3T
바질 약간
소금 약간
....

1 방울토마토는 십자로 칼집을 낸다.

2 떡을 끓는 물에 살짝 데친다.

3 방울토마토를 끓는 물에 살짝 데친다.

4 데친 방울토마토는 껍질을 벗겨 깬다.

5 삶은 떡에 으깬 토마토와 케첩을 넣고 끓인다.

6 자작해지면 미트볼을 넣고 소금과 바질을 뿌린다.

나물 떡볶이

PART 2 우리 아이 건강 떡볶이

향긋한 나물과 햄, 떡이 어우러진 나물 떡볶이예요. 각종 비타민과 섬유소가 풍부한 나물은 변비를 예방하고 피부 미용에도 매우 좋습니다.
나물을 싫어하는 아이들도 햄과 함께 볶은 나물 떡볶이에는 조금씩 관심을 보인답니다. 나물은 종류에 상관없이 응용이 가능하니 밥 반찬으로 남은 나물을 활용하면 좋습니다.

이렇게 만들어요

1 데치거나 무친 나물을 종류별로 준비한다.

2 햄을 굵게 채 썬다.

3 떡과 가쓰오 장국, 물을 넣고 끓이다가 나물과 햄을 넣는다.

4 참기름을 넣고 마무리한다.

난이도 ★☆☆
요리 양 3~4인분
조리 시간 20분

재료
....
쌀떡 200g
나물(시금치나물, 열무나물, 취나물) 180g
햄 50g
물 100ml
가쓰오 장국 1T
참기름 1/2T
....

베이컨말이 떡볶이

손님을 초대할 때 누구나 좋아하는 메뉴를 선정하는 것은 쉬운 일이 아니다. 이 때 한식에도, 중식에도, 퓨전 요리에도 모두 어울리는 떡을 이용해 요리해 보자. 남녀노소 누구나 좋아하는 메뉴가 될 것이다.

PART 3

손님 접대 떡볶이

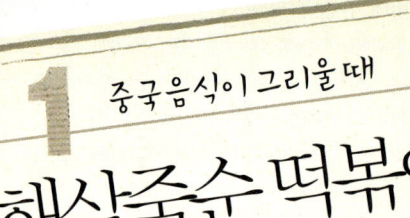

해삼죽순 떡볶이

건해삼은 불리는 데만 해도 며칠이 걸리는 다루기 힘든 식재료입니다. 하지만 맛이 훌륭해 중국 요리에 단골로 등장합니다. 쫄깃한 해삼에 아삭한 죽순까지 더해 씹는 맛이 일품인 해삼죽순 떡볶이는 귀한 손님을 대접할 때 좋은 요리입니다.

살아 있는 해삼을 이용할 경우 하루 정도 보관하려면 레몬을 슬라이스해서 넣고, 살아 있는 상태로 며칠 동안 보관하려면 해수에 해삼을 넣고 영하 7~10℃의 온도에 넣으면 됩니다.

난이도 ★★☆
요리 양 2인분
조리 시간 30분

재료

....

한입떡 200g
불린 해삼 100g
죽순 60g
다진 마늘 2T
브로콜리 1/4개
새송이버섯 1개
양파 1/2개
빨강피망 1/4개
가쓰오 장국 1T
올리브유 1T
참기름 1/2T

....

이렇게 만들어요

1 죽순을 편으로 썰고, 불린 해삼은 채 썬다.

2 새송이버섯은 편으로, 빨강피망과 양파는 채로, 브로콜리는 한입 크기로 썬다.

3 달궈진 팬에 올리브유를 두르고 떡을 볶는다.

4 떡에 새송이버섯과 죽순을 넣고 볶는다.

5 가쓰오 장국을 넣고 볶다가 브로콜리, 양파, 다진 마늘을 넣는다.

6 해삼과 피망을 넣고 볶다가 참기름을 넣어 마무리한다.

고소한 크림치즈와 부드러운 생크림이 어우러진
맛살 떡볶이는 젊은 여성들이 특히 좋아하는 요리
입니다.
크림치즈는 플레인 요거트와 식초만 있으면 집에
서도 쉽게 만들 수 있어요. 플레인 요거트 두 개에
식초를 한 숟가락 넣고 몽글몽글해질 때까지 섞어
준 뒤 거즈에 내려 유청(노란물)을 분리해 줍니다.
거즈 위에 남은 부분을 덮개로 덮고 무거운 그릇을
올려 하루 정도 지나면 맛있는 크림치즈가 완성된
답니다.

난이도 ★☆☆
요리 양 2인분
조리 시간 30분

재료
....
쌀떡 150g
맛살 4개
양파 1/2개
생크림 100ml
크림치즈 50g
올리브유 1T
소금 약간
후추 약간
....

이렇게
만들어요

1 기름을 두른 팬에 잘게 다진 양
파를 넣고 볶는다.

2 양파가 반투명해지면 크림치
즈를 넣고 볶는다.

3 생크림과 떡을 넣고 끓인다.

4 국물이 자작해지면 가늘게 찢
은 게맛살을 넣고 소금과 후추
로 간을 한다.

갑작스러운 손님의 방문에 어떤 음식을 대접할까 고민스럽다면 오징어 떡볶이를 준비해 보세요. 저렴한 가격으로 푸짐한 요리를 만들 수 있습니다. 오징어를 양념에 버무려 떡과 함께 볶아 내기만 하면 금세 근사한 접대 요리가 된답니다.

오징어 껍질은 굵은 소금을 이용해 문질러 가면서 벗기면 쉽게 벗겨져요. 다이아몬드 모양으로 칼집을 내면 칼집 사이로 양념이 스며들어 오징어 떡볶이가 더 맛있어진답니다.

난이도 ★★☆
요리 양 3인분
조리 시간 30분

재료

쌀떡 200g
오징어 1마리
대파 1/2대
양파 1/2개
빨강고추 1개
파랑고추 1개
물 200ml

양념
간장 2T
깨소금 1/2T
고추장 2T
고춧가루 2T
다진 마늘 1T
올리고당 2T
참기름 1/2T

이렇게 만들어요

1 오징어는 껍질을 벗기고 이등분한 뒤 2cm 두께로 썬다.

2 물이 끓으면 떡과 양념을 넣어 준다.

3 떡이 말랑해지면 오징어를 넣는다.

4 오징어가 익으면 썰어 놓은 채소를 넣는다.

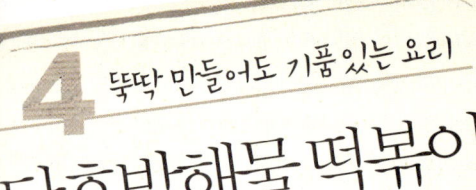

단호박해물 떡볶이

단호박해물 떡볶이라고 하면 흔히 단호박의 속을 파내 그 안에 떡볶이를 넣고 피자치즈를 얹은 요리를 떠올릴 텐데요. 이 단호박해물 떡볶이는 여러분의 생각과는 다른 특별한 요리랍니다. 단호박을 바삭하게 튀겨 갖가지 해물, 채소와 함께 볶아 낸 중화풍의 떡볶이입니다.

단호박을 물에 씻으면 단호박의 단 성분이 물과 함께 빠져 나가게 돼요. 그러니 물로 씻는 것보다는 깨끗한 행주로 닦아 주는 게 맛도 지키고, 영양소도 지키는 일이라는 것을 꼭 명심하세요.

난이도 ★★☆
요리 양 3~4인분
조리 시간 35분

재료
....
모양떡 200g
단호박 100g
모둠 해물 250g
다진 마늘 1T
양파 1/4개
빨강피망 1/4개
파랑피망 1/4개
물 100ml
굴 소스 1T
올리브유 2T
옥수수유 500ml
녹말물(물 50ml+녹말 1T)
후추 약간
....

이렇게 만들어요

1 피망과 양파는 한입 크기로, 단호박은 2mm 두께로 썬다.

2 단호박을 기름에 튀긴다.

3 튀긴 단호박은 기름을 닦고 식히면서 수분을 날린다.

4 올리브유를 두르고 떡과 해물을 볶는다.

5 굴 소스와 다진 마늘, 물을 넣고 끓이다가 피망과 양파를 넣는다.

6 채소가 익으면 녹말물을 넣고 살짝 볶다가 단호박을 넣고 후추를 살짝 뿌린다.

5 중독성 강한 맛있는 매운맛

매운닭볶음 떡볶이

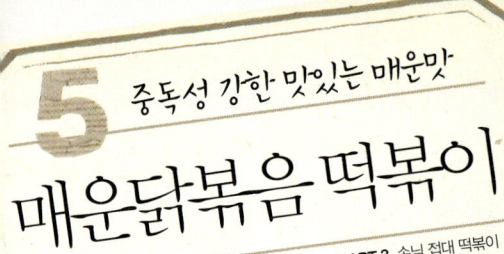

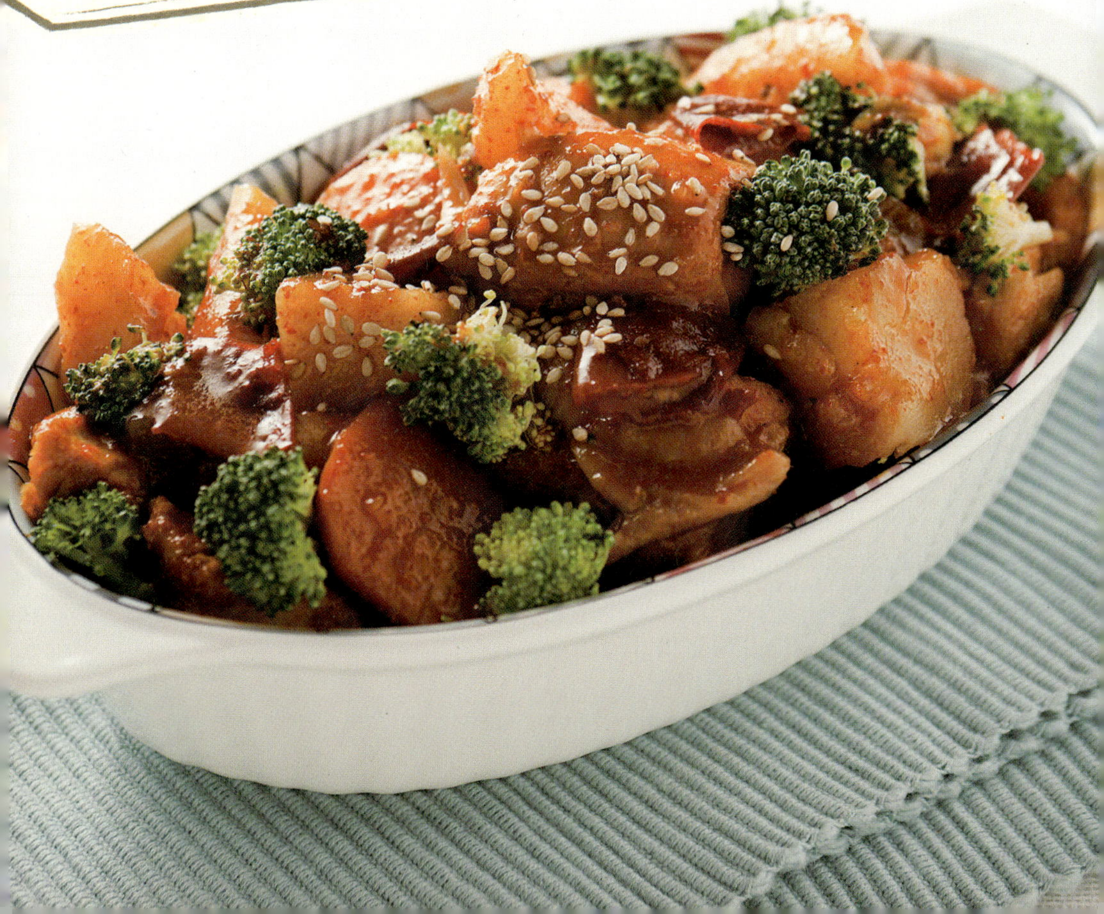

닭볶음은 많은 사람에게 사랑받는 음식입니다. 특히 술안주나 손님 접대 요리 등으로 인기가 많은 메뉴이지요.

이 닭볶음에 쫄깃한 떡과 마른고추의 매콤함을 더해 매운 닭볶음 떡볶이를 만들어 봐요. 떡이 들어가 있어 굳이 밥과 함께 먹지 않아도 든든한 한 끼 식사가 된답니다. 중독성이 강한 매콤한 맛에 손님들의 젓가락이 멈추지 않을 거예요.

난이도 ★★☆
요리 양 3~4인분
조리 시간 30분

재료

쌀떡 200g
닭 1마리
감자 2개
당근 1/2개
대파 1/4대
마른고추 3개
브로콜리 1/2개
양파 1/2개
물 400ml

양념
간장 2T
고추장 1T
고춧가루 2T
다진 마늘 1T
올리고당 2T
참기름 1T

이렇게 만들어요

1 당근, 감자, 양파, 마른고추는 큼직한 크기로, 브로콜리는 한 입 크기로 썬다.

2 분량의 양념에 깨끗이 씻어 놓은 닭을 재워 놓는다.

3 냄비에 물을 붓고 양념한 닭과 마른고추를 넣고 끓인다.

4 닭이 반쯤 익으면 감자와 당근, 양파를 넣는다.

5 떡을 넣고 졸이듯이 끓인다.

6 국물이 자작해지면 브로콜리와 대파를 넣어 마무리한다.

6

어른아이 할 것 없이 인기만점

모둠소시지 떡볶이

PART 3 손님 접대 떡볶이

소시지는 고기를 소금에 절여 보존시킨다는 뜻의 라틴 어 '살수스(Salsus)'에서 나온 말입니다. 이탈리아의 볼로냐와 제노바, 밀라노, 독일의 튀링어와 베를린, 프랑스의 리옹 등 많은 지역의 특산 소시지가 오늘까지 소시지의 대명사로 남아 있습니다. 우리가 즐겨 먹는 소시지는 미국식 소시지인데 미국 인디언들이 널리 사용하던 소시지 제조법을 미국 개척자들이 응용하여 지금과 같은 소시지를 만들었습니다. 이후 다양한 국가에서 온 이주민들의 레시피가 혼합되면서 오늘날의 햄이 완성되었답니다.

난이도 ★☆☆
요리 양 3~4인분
조리 시간 20분

재료

호리호리떡 200g
모둠 소시지 380g
양파 1/4개
빨강피망 1/4개
파랑피망 1/4개
올리브유 2T
가쓰오 장국 1T
훈제 소스 1T

이렇게 만들어요

1 소시지를 어슷하게 썬다.

2 올리브유를 두르고 소시지와 떡을 볶는다.

3 떡이 익으면 훈제 소스와 가쓰오 장국을 넣고 볶는다.

4 썰어 놓은 양파와 피망을 넣고 볶는다.

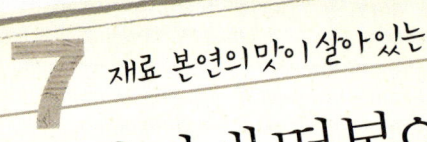

7

재료 본연의 맛이 살아있는

부대찌개 떡볶이

PART 3 손님 접대 떡볶이

햄과 소시지 그리고 김치만 있으면 맛있는 부대찌
개 떡볶이를 만들 수 있어요. 이렇게 간단한 재료
만 들어가야 재료 본연의 맛이 살아 있는 얼큰하고
깔끔한 부대찌개 떡볶이가 만들어집니다.
부대찌개 전용 소시지는 옥수수 그림이 그려져 있
는 '콘킹'이라는 소시지입니다. 이 소시지는 저염
소시지와 고염 소시지로 나뉘는데 부대찌개에는
고염 소시지가 더 잘 어울린답니다.

난이도 ★☆☆
요리 양 3인분
조리 시간 35분

재료
....
쌀떡 200g
김치 180g
소시지 3개
햄 80g
대파 1/2대
물 500ml
고춧가루 1T
후추 약간
....

1 소시지와 햄은 적당한 크기로
썬다.

2 썰어 놓은 김치와 햄을 볶는다.

3 물을 붓고 떡과 고춧가루를 넣
고 끓인다.

4 떡이 말랑해지면 대파를 넣고
후추를 뿌린다.

8 매콤한 고기와 쫀득한 떡의 만남

삼겹살 떡볶이

PART 3 손님 접대 떡볶이

한국인이 유난히 좋아하는 음식 중의 하나가 바로 삼겹살입니다. 하지만 집에서는 기름도 튀고, 냄새도 잘 빠지지 않아서 구워 먹을 엄두가 잘 나지 않죠. 그럴 땐 삼겹살을 이용해 떡볶이를 만들어 보세요. 매콤한 고기와 쫀득한 떡이 만나 먹을수록 맛있는 요리가 된답니다.

삼겹살은 공기 중의 산소와 만나면 지방과 단백질이 산화돼 빨리 변질됩니다. 삼겹살을 냉장 보관할 경우에는 고기를 랩에 싸서 밀폐 용기에 넣고 5℃ 이하의 저온에 넣어 주세요.

난이도 ★★☆
요리 양 3~4인분
조리 시간 20분

재료
. . . .
한입떡 200g
삼겹살 300g
대파 1/2대
양파 1/2개

양념
간장 1T
고추장 1T
고춧가루 1T
다진 마늘 1T
올리고당 1/2T
후추 약간
. . . .

이렇게 만들어요

1 삼겹살을 한입 크기로 썬다.

2 분량의 양념에 삼겹살과 썰어 놓은 대파와 양파를 버무린다.

3 양념한 삼겹살을 볶는다.

4 삼겹살이 익으면 떡을 넣고 볶는다.

쇠고기버섯 떡볶이

PART 3 손님 접대 떡볶이

쇠고기버섯 떡볶이는 맛에 품격까지 더해져 귀중한 손님이 찾아올 때 준비하면 접대하기에 손색없는 요리랍니다. 여기에 고소한 치즈떡을 넣으면 꼬마 손님들의 입맛까지 사로잡는 메뉴가 됩니다. 집에 남은 채소가 있다면 무엇이든 다 넣어도 좋습니다. 좀 더 달콤한 맛을 원한다면 데리야키 소스를 넣으세요.

난이도 ★ ☆ ☆
요리 양 3인분
조리 시간 30분

재료

치즈떡 200g
쇠고기 150g
표고버섯 4개
사각 어묵 1장
당근 1/4개
양파 1/2개
파랑피망 1/4개
물 100ml
참기름 1T

쇠고기 양념
간장 2T
다진 마늘 1T
올리고당 1T

이렇게 만들어요

1 당근, 양파, 파랑피망은 채로, 표고버섯은 편으로 썬다.

2 어묵과 쇠고기도 채 썬다.

3 양념한 쇠고기를 볶다가 떡을 넣는다.

4 물을 넣고 끓이다가 표고버섯을 넣고 볶는다.

5 채 썬 채소를 넣고 볶는다.

6 어묵을 넣고 볶다가 참기름을 뿌린다.

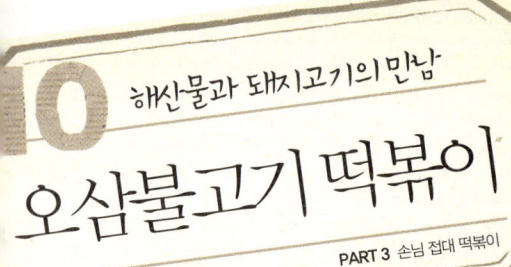

10 해산물과 돼지고기의 만남

오삼불고기 떡볶이

PART 3 손님 접대 떡볶이

오삼불고기 떡볶이는 삼겹살과 오징어가 들어가
씹는 맛이 일품입니다. 오징어와 삼겹살이 만나 환
상적인 맛을 내어 해산물을 좋아하는 손님의 입맛
에도, 고기를 좋아하는 손님의 입맛에도 꼭 맞아
집들이나 손님 접대 메뉴에서 빠지지 않는 인기 메
뉴랍니다.

난이도 ★★☆
요리 양 4인분
조리 시간 35분

재료

한입떡 200g
삼겹살 300g
오징어 1마리
대파 1/2대
양배추 30g
양파 1/2개
빨강고추 1개
파랑고추 1개
물 100ml

양념
간장 1T
고추장 1T
고춧가루 2T
다진 마늘 1T
올리고당 1T
참기름 1T

이렇게
만들어요

1 삼겹살을 한입 크기로 썬다.

2 오징어는 껍질을 벗기지 않고
한입 크기로 썬다.

3 양배추와 양파는 굵게 채 썰고,
빨강고추와 파랑고추, 대파는
어슷하게 썬다.

4 분량의 양념에 오징어와 삼겹
살을 재워 둔다.

5 양념한 삼겹살을 볶다가 물과
떡을 넣는다.

6 삼겹살과 떡이 익으며 국물이
자작해지면 썰어 놓은 채소를
넣는다.

술안주에 안성맞춤

주꾸미 떡볶이

PART 3 손님 접대 떡볶이

매콤한 양념에 버무린 주꾸미를 통째로 꼬치에 꽂아 만든 요리입니다. 한 번 볶은 주꾸미에 양념을 덧발라 가며 다시 구워 깊은 맛이 납니다. 냉장고에 뒹구는 채소들도 꼬치에 곁들이면 색도 예쁘고 맛도 좋은 손님 접대 요리가 된답니다. 주꾸미를 손질할 때는 밀가루로 주꾸미를 바락바락 씻은 다음 머리를 뒤집어서 내장을 제거해 주세요.
주꾸미의 제철은 봄이지만 냉동 주꾸미는 언제든지 구할 수 있기 때문에 사시사철 주꾸미를 먹을 수 있어요. 하지만 알이 꽉 찬 싱싱한 주꾸미는 봄에만 먹을 수 있는 별미랍니다.

난이도 ★★☆
요리 양 3인분
조리 시간 30분

재료
....
가래떡 200g
주꾸미 12마리
당근 1개
마늘 6알
브로콜리 1/2개
산적용 꼬치 6개

양념
고추장 2T
고춧가루 1T
다진 마늘 1T
올리고당 1T
....

이렇게 만들어요

1 분량의 양념에 주꾸미를 재워 둔다.

2 끓는 물에 브로콜리와 당근, 마늘을 데친다.

3 가래떡도 한입 크기로 썰어 데친다.

4 주꾸미를 살짝 볶는다.

5 꼬치에 준비한 재료를 번갈아 가며 꽂는다.

6 양념을 발라 가며 주꾸미 꼬치를 굽는다.

홍합 떡볶이

홍합찜을 먹고 나면 늘 홍합찜 소스가 남게 되는데
그 소스를 남기지 않고 먹을 수 있는 방법은 없을까
고민하다가 개발한 메뉴입니다. 새콤달콤한 토마
토 소스와 향긋한 화이트 와인, 홍합, 마늘의 풍미
가 떡에 배어 색다른 떡볶이를 맛볼 수 있습니다.
고급스러우면서도 푸짐한 데다 맛까지 좋은 홍합
떡볶이는 어디에서나 인기 만점이랍니다.

난이도 ★★☆
요리 양 3인분
조리 시간 30분

재료

호리호리떡 200g
홍합 300g
통조림 토마토 100g
스파게티 소스 100g
화이트 와인 100ml
마늘 4알
양파 1/4개
올리브유 2T
소금 약간
파슬리 약간
후추 약간

이렇게
만들어요

1 홍합을 깨끗이 씻어 물기를 제
거한다.

2 양파는 잘게 다지고, 마늘은 편
으로 썬다.

3 통조림 토마토와 스파게티 소
스, 다진 양파를 넣고 끓여 소
스를 만든다.

4 올리브유를 두르고 마늘과 홍
합을 볶다가 화이트 와인을 넣
는다.

5 홍합에 떡을 넣고 볶는다.

6 미리 만들어 놓은 소스를 넣고
볶는다.

13

고소한 베이컨이 떡에 돌돌

베이컨말이 떡볶이

PART 3 손님 접대 떡볶이

베이컨말이 떡볶이는 알맞게 구운 버섯과 베이컨이
돌돌 말린 가래떡을 쏙쏙 빼 먹는 재미가 쏠쏠한 요리
랍니다. 술 손님이 찾아왔을 때 고소한 베이컨 냄새
를 풍기며 베이컨말이 떡볶이를 구워 보세요. 고소한
냄새만으로도 술맛이 더욱 살아난답니다.

난이도 ★★☆
요리 양 2인분
조리 시간 30분

재료

가래떡 250g
베이컨 8장
브로콜리 1/4개
양송이 4개
올리브유 1T
후추 약간
산적용 꼬치 4개

이렇게
만들어요

1 가래떡을 한입 크기로 썬다.

2 브로콜리는 한입 크기로, 양송
이는 반으로 썬다.

3 베이컨으로 가래떡을 만다.

4 꼬치에 준비해 놓은 재료를 번
갈아 꽂는다.

5 올리브유를 발라 가며 꼬치를
앞뒤로 노릇하게 굽는다.

6 꼬치에 후추로 간을 한다.

궁중 떡볶이

우리 고유의 음식인 떡은 한국의 전통 음식에 아주 잘 어울린다. 가장 전통적인 것이
가장 세계적이라는 말이 있듯이 우리 전통 음식에 떡을 가미해 외국인들의 입맛까
지 사로잡아 보자.

한국의 전통 음식 떡볶이

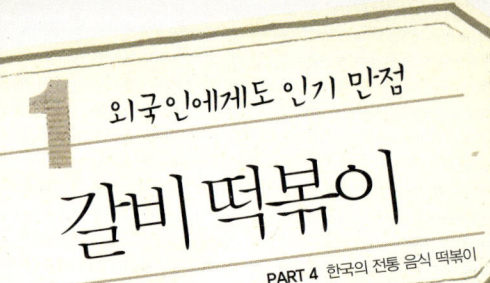

갈비찜은 외국인이 좋아하는 한국의 전통 음식 중의 하나입니다. 갈비찜은 오래 조리하는 음식이기 때문에 떡이 쉽게 흐물거리지 않도록 굵은 가래떡을 사용합니다. 설날에 뽑아서 얼려 놓은 가래떡을 이용해서 만들어도 좋아요.
당근은 재료끼리 부딪히면 으깨져서 국물이 탁해지기 때문에 모서리를 둥글게 깎아 주는 것이 좋습니다.

난이도 ★★★
요리 양 3~4인분
조리 시간 30분

재료
....
가래떡 200g
소갈비 600g
당근 1개
밤 7알
은행 20알
물 300㎖

양념
간장 6T
다진 마늘 1T
양파 1/2개
올리고당 2T
....

이렇게 만들어요

1 소갈비를 찬물에 담가 핏물을 제거한다.

2 가래떡을 한입 크기로 썬다.

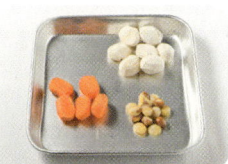

3 밤과 은행은 껍질을 벗겨 준비하고, 당근은 모서리를 둥글게 다듬는다.

4 양념에 재운 갈비를 넣고 물과 함께 끓인다.

5 갈비가 익으면 떡을 넣는다.

6 국물이 자작해지면 준비한 당근과 밤, 은행을 넣고, 기호에 따라 대추와 파를 첨가한다.

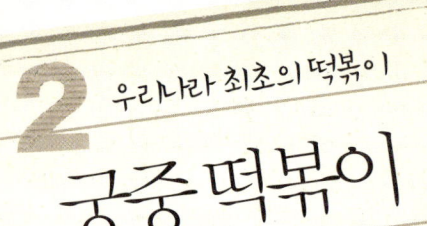

불고기도 갈비 못지 않게 세계인의 사랑을 듬뿍 받는 한국의 전통 음식 중의 하나입니다. 이 불고기를 이용해 만든 떡볶이가 바로 궁중 떡볶이랍니다. 우리나라 최초의 떡볶이인 궁중 떡볶이는 훌륭한 맛과 풍부한 영양을 자랑합니다. 고소하고 담백한 궁중 떡볶이의 매력에 흠뻑 빠져들어 보세요.

난이도 ★★☆
요리 양 3~4인분
조리 시간 30분

재료
....
한입떡 250g
불고기용 쇠고기 200g
당근 1/2개
양파 1/2개
파랑피망 1/2개
표고버섯 3개
물 250ml
참기름 1T

양념
간장 4T
맛술 1T
올리고당 1T
다진 마늘 1/2T
다진 생강 1/4T
....

이렇게 만들어요

1 불고기용 쇠고기를 양념에 재운다.

2 당근과 양파, 파랑피망, 표고버섯을 채 썬다.

3 떡과 물, 간장을 넣고 끓인다.

4 떡이 말랑해지면 양념에 재운 쇠고기를 넣고 끓인다.

5 쇠고기가 익으면 준비한 채소와 당면을 넣는다.

6 당면이 익으면 참기름으로 마무리한다.

한국을 대표하는 발효 음식 중의 하나가 바로 김치
입니다. 김치가 없으면 밥을 먹지 못하는 사람도
있을 정도로 김치는 한국인의 밥상을 책임지는 든
든한 음식이에요.
이 김치를 활용해 김치 떡볶이를 만들어 보세요.
새콤하고 매콤한 맛에 모두가 푹 빠질 거예요.

난이도 ★☆☆
요리 양 3인분
조리 시간 30분

재료

쌀떡 200g
김치 100g
사각 어묵 1장
고추 1개
대파 1/2대
양파 1/2개
물 200ml
가쓰오 장국 1T
참기름 1/2T

이렇게
만들어요

1 김치와 양파, 어묵은 한입 크기
로 썰고, 대파와 고추는 어슷하
게 썬다.

2 팬에 참기름을 두르고 김치와
어묵을 볶는다.

3 떡과 가쓰오 장국을 넣고 함께
볶는다.

4 물을 넣고 끓이다가 국물이 자
작해지면 채소를 넣는다.

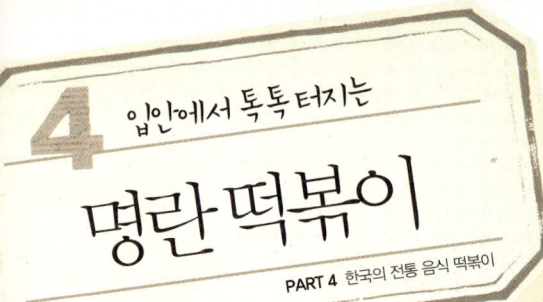

입안에서 톡톡 터지는

명란떡볶이

PART 4 한국의 전통 음식 떡볶이

명란젓은 명태알을 소금에 절여 만든 음식입니다.
명란젓은 한국인이나 일본인에게는 비교적 익숙하
지만 서양인에게는 낯선 음식입니다. 하지만 비린
내가 나지 않는 젓갈이기 때문에 한국인뿐만 아니
라 외국인들도 부담없이 먹을 수 있답니다.
명란의 껍질을 제거해서 요리하면 알이 풀어지면
서 짠맛이 융화되고 입안에서 알이 톡톡 터져서 식
감도 좋습니다.

난이도 ★★☆
요리 양 3~4인분
조리 시간 30분

재료
....
쌀떡 300g
명란젓 100g
사각 어묵 1개
당근 1/2개
대파 1/2대
빨강피망 1/4개
파랑피망 1/4개
노랑파프리카 1/4개
물 400ml
가쓰오 장국 1/2T
참기름 1T
....

이렇게
만들어요

1 명란의 껍질을 제거하고 채소를 썬다.

2 끓는 물에 떡과 가쓰오 장국을 넣는다.

3 떡이 말랑해지면 썰어 놓은 채소와 어묵을 넣는다.

4 명란젓을 부서지지 않게 넣고, 참기름을 넣어 마무리한다.

짭조름하고 고소한 맛이 일품

잡채 떡볶이

PART 4 한국의 전통 음식 떡볶이

짭조름하고 고소한 양념이 쫄깃한 면발에 밴 잡채
는 우리들의 입맛을 사로잡는 음식입니다.
잡채는 일일이 재료를 볶아야 하는 번거로운 요리
라고 생각하기 쉬운데, 잡채 떡볶이처럼 재료를 한
데 모아 볶아도 맛과 영양 면에서 떨어지지 않는 맛
있는 요리를 만들 수 있답니다.

난이도 ★★☆
요리 양 3~4인분
조리 시간 30분

재료
....
쌀떡 200g
당면 150g
쇠고기 100g
목이버섯 30g
표고버섯 3개
당근 1/3개
시금치 50g
양파 1/2개
물 200ml
참기름 1/2T

쇠고기 양념
간장 2T
다진 마늘 1/2T
올리고당 1T
....

이렇게
만들어요

1 당면을 미지근한 물에 불린다.

2 양념을 넣고 채 썬 쇠고기를 볶
는다.

3 볶은 쇠고기에 물과 떡을 넣고
끓인다.

4 떡이 말랑해지면 불린 당면을
넣고 졸인다.

5 썰어 놓은 채소와 버섯을 넣고
볶는다.

6 참기름을 넣고 마무리한다.

우리나라 음식의 특징 중 하나가 채소와 고기가 잘 어우러져 영양 면으로 우수하다는 것인데요. 그 대표적인 음식 중 하나로 산적 꼬치를 꼽을 수 있습니다. 정갈하면서 색감도 예쁜 산적은 특히 우리 고유의 명절에 많이 만들어지는 음식이지요. 산적에 가래떡을 넣어 산적 떡볶이를 만들어 보세요. 예쁜 색감에 씹는 식감까지 더해져 훌륭한 요리가 탄생된답니다.

난이도 ★★☆
요리 양 2인분
조리 시간 20분

재료

가래떡 50g
산적용 쇠고기 150g
꽈리고추 8개
당근 1/4개
달걀 1개
밀가루 30g
옥수수유 2T
산적용 꼬치 4개

쇠고기 양념
간장 1T
참기름 1/2T
소금 약간
후추 약간

이렇게 만들어요

1 가래떡과 당근, 쇠고기를 같은 길이와 두께로 썬다.

2 당근을 끓는 물에 살짝 데친다.

3 채 썬 쇠고기는 양념에 재웠다가 살짝 굽는다.

4 산적용 꼬치에 준비해 놓은 재료를 번갈아 끼운다.

5 산적에 앞뒤로 밀가루를 묻힌 뒤 달걀물을 적신다.

6 달걀물에 적신 산적을 노릇하게 굽는다.

닭가슴살 떡볶이

떡 요리라고 해서 모두 칼로리가 높은 것은 아니다. 가지나 곤약, 두부 등을 이용하면
칼로리도 낮고 공복도 없애 주는 효과적인 다이어트 요리가 된다. 떡 요리를 통해 성
공적인 다이어트에 도전해 보자.

PART 5

다이어트 떡볶이

블랙 푸드의 대표 격인 가지는 식이섬유를 함유하고 있어 장내의 노폐물을 제거해 주고 장 질환을 예방해 줍니다. 칼로리도 낮아 다이어트에도 그만이랍니다.
다만 가지는 성질이 차갑기 때문에 수족냉증이 있거나 임신 중인 사람들은 피하는 게 좋아요.

난이도 ★ ☆ ☆
요리 양 1인분
조리 시간 20분
칼로리 150kcal

재료
··············
떡국떡 80g
가지 1/2개
죽순 80g
빨강피망 1/4개
파랑피망 1/4개

양념
간장 2T
다진 마늘 1/2T
다진 생강 1/4T
맛술 1T
올리고당 1T
참기름 1/2T
··············

이렇게 만들어요

1 가지는 어슷하게 썰고, 죽순과 피망은 한입 크기로 썬다.

2 끓는 물에 떡을 넣는다.

3 떡이 말랑해지면 양념을 넣고 졸이다가 가지와 죽순을 넣고 볶는다.

4 가지가 익으면 피망을 넣고 볶는다.

다이어트 식품으로 잘 알려진 곤약은 구약 나물의 알줄기로 만든 가공 식품입니다. 곤약에 들어 있는 글루코만난은 장운동을 활발하게 하여 변비를 예방해 주고 칼로리도 거의 없어 비만 예방에 좋습니다. 또한 혈당을 천천히 증가시켜 당뇨병 식사에도 도움이 된답니다.
곤약 특유의 향은 끓는 물에 살짝 데치면 사라지는데 떡볶이를 할 때나 조릴 때는 양념이 들어가기 때문에 따로 곤약을 데치지 않아도 좋습니다.

난이도 ★☆☆
요리 양 1인분
조리 시간 20분
칼로리 150kcal

재료
....
쌀떡 70g
곤약 100g
다진 마늘 1/2T
빨강피망 1/4개
파랑피망 1/4개
물 100ml
데리야키 소스 1T
올리고당 1T
참기름 1/2T
....

이렇게 만들어요

1 모양틀을 이용해 곤약을 모양낸다.

2 팬에 떡과 모양낸 곤약을 넣고 물과 데리야키 소스, 올리고당과 함께 끓인다.

3 국물이 자작해지면 다진 마늘을 넣고 볶는다.

4 피망을 넣고 볶다가 참기름을 넣어 마무리한다.

3 도토리묵 떡볶이

낮은 칼로리에 높은 포만감

PART 5 다이어트 떡볶이

칼로리가 낮으면서 포만감을 주는 도토리묵에 아삭한 마늘종과 당근, 떡을 넣어 만든 떡볶이입니다. 칼로리를 더 낮추고 싶으면 떡의 양을 줄이고 도토리묵을 늘려 주세요.
쫄깃쫄깃하게 씹히는 맛이 좋은 건조 도토리묵은 인터넷 쇼핑몰이나 대형마트에서 쉽게 구할 수 있습니다.

난이도 ★☆☆
요리 양 1인분
조리 시간 20분
칼로리 135kcal

재료

쌀떡 70g
건조 도토리묵 50g
당근 1/2개
마늘종 30g

양념
간장 2T
물 2T
올리고당 1T
참기름 1/2T

이렇게 만들어요

1 건조 도토리묵을 뜨거운 물에 30분 동안 불린다.

2 마늘종과 당근을 비슷한 길이로 썬다.

3 팬에 묵과 양념을 넣고 졸인다.

4 준비한 떡을 넣고 볶는다.

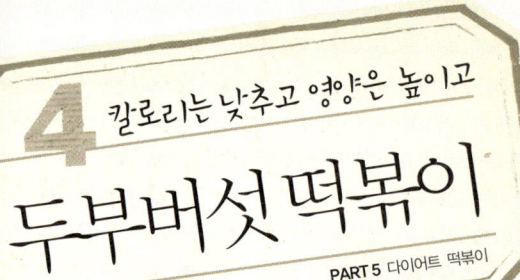

두부버섯 떡볶이는 버섯과 두부를 이용해 칼로리
는 낮추고 영양은 높인 다이어트 요리입니다.
버섯은 양송이버섯에서 표고버섯, 느타리버섯, 송
이버섯까지 종류가 다양하지만 그중에서 쫄깃한
느타리버섯이 떡볶이와 가장 잘 어울린답니다. 두
부는 단단한 부침용 두부를 사용해야 으깨지지 않
아요. 두부를 구울 때는 기름의 양을 최소로 줄여
칼로리를 낮춰 주세요.

난이도 ★☆☆
요리 양 1인분
조리 시간 20분
칼로리 230kcal

재료
....
새알떡 80g
느타리버섯 50g
두부 1/2모
물 150ml
데리야키 소스 2T
올리고당 1T
올리브유 1/2T
참기름 1/2T
....

1 올리브유를 살짝 두르고 네모
지게 썬 두부를 굽는다.

2 팬에 떡과 물, 데리야키 소스,
올리고당을 넣고 끓인다.

3 떡이 말랑해지면 구워서 썰어
놓은 두부를 넣는다.

4 국물이 자작해지면 버섯을 넣
고 살짝 볶다가 참기름을 넣고
마무리한다.

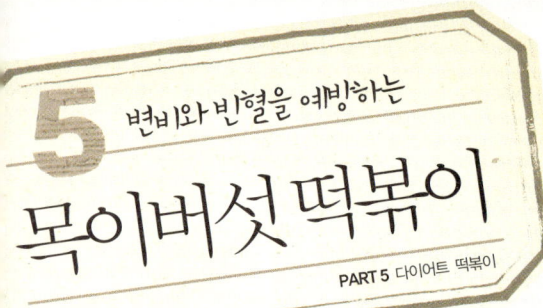

5 변비와 빈혈을 예방하는
목이버섯 떡볶이

PART 5 다이어트 떡볶이

목이버섯은 칼로리가 낮고 물에 불리면 10배 정도 불어나기 때문에 다이어트 식품으로 좋습니다. 다이어트를 하다 보면 변비와 빈혈, 심한 경우에는 골다공증까지 올 수 있는데 목이버섯에는 철분과 칼슘이 풍부하게 함유되어 있어 다이어트 시에 올 수 있는 부작용을 예방해 준답니다.

난이도 ★☆☆
요리 양 1인분
조리 시간 10분
칼로리 140kcal

재료
....

쌀떡 70g
목이버섯 80g
다진 마늘 1T
당근 1/4개
양파 1/4개
빨강피망 1/4개
파랑피망 1/4개
물 100ml
간장 2T
올리고당 1T
올리브유 1T
참기름 1/2T
....

이렇게
만들어요

1 팬에 떡과 물, 간장, 올리고당을 넣고 끓인다.

2 올리브유를 살짝 두르고 불려 놓은 목이버섯을 볶는다.

3 떡이 말랑해지면 볶은 목이버섯과 다진 마늘을 넣고 졸인다.

4 채 썬 채소를 넣고 참기름을 넣어 마무리한다.

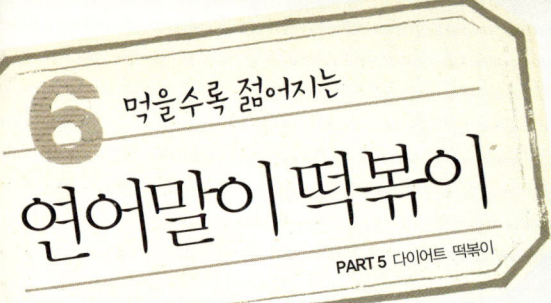

훈제 연어는 고단백 저칼로리 식품으로 다이어트 재료로 자주 이용됩니다. 연어에 함유되어 있는 프로타민은 비만의 근원이 되는 중성 지방이나 콜레스테롤이 소장에서 흡수되는 것을 막아 주는 고마운 음식입니다.

마돈나는 노화 방지를 위해서 매일 아침 연어 샐러드를 먹는다고 해요. 젊음과 건강을 지키기 위해서 하루 한 끼 연어말이 떡볶이를 먹어 보는 것은 어떨까요?

1 훈제 연어를 준비한다.

2 피망과 양파를 채 썬다.

3 끓는 물에 떡을 데친다.

4 연어 위에 준비한 재료를 올려놓고 돌돌 만다.

난이도 ★☆☆
요리 양 1인분
조리 시간 10분
칼로리 150kcal

재료
....
호리호리떡 50g
훈제 연어 100g
무순 30g
양파 1/4개
빨강피망 1/4개
파랑피망 1/4개
....

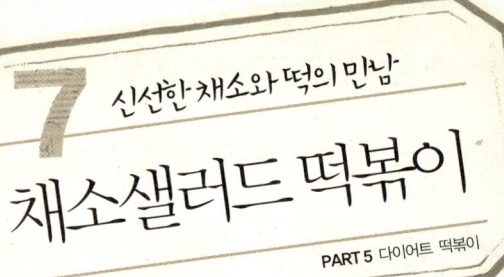

다이어트를 할 때 칼로리가 낮다는 이유로 채소샐러드를 많이 먹는데 채소만 먹으면 금방 배가 꺼지기 때문에 곧 다시 간식거리를 찾게 되어서 생각보다 칼로리를 과다하게 섭취하게 되는 경우가 많습니다.

하지만 떡이 들어간 채소샐러드는 포만감을 주기 때문에 한 끼 식사로 든든하답니다. 다만 꿀떡은 칼로리가 높은 편이니 양 조절에 신경 쓰세요.

난이도 ★☆☆
요리 양 1인분
조리 시간 10분
칼로리 150kcal

재료
....

꿀떡 5개
베이비 채소 50g
방울토마토 5개

드레싱
발사믹 식초 1T
올리브유 2T
....

이렇게 만들어요

1 색색의 꿀떡을 준비한다.

2 베이비 채소를 씻어서 물기를 뺀다.

3 발사믹 식초와 올리브유를 섞어 드레싱을 만든다.

4 볼에 준비한 재료를 담고 드레싱을 끼얹었다.

해조류는 식물성 섬유질로서 성인병을 예방하고 노화와 비만 방지에 효과가 뛰어나 건강한 다이어트 음식에 안성맞춤입니다.
해초에는 소금기가 배어 있어 따로 양념할 필요가 없어요. 매콤한 맛을 좋아한다면 치즈 드레싱 대신에 비빔장을 이용해도 된답니다.

난이도 ★☆☆
요리 양 1인분
조리 시간 10분
칼로리 170kcal

재료
....
모양떡 60g
모둠 해초 100g

드레싱
까망베르치즈 1T
머스터드 소스 1T
올리고당 1T
....

이렇게 만들어요

1 까망베르 치즈와 머스터드 소스, 올리고당을 섞어 드레싱을 만든다.

2 끓는 물에 떡을 데친다.

3 해초는 체에 받쳐 물기를 제거한다.

4 볼에 해초와 떡을 넣고 드레싱을 버무린다.

닭가슴살 떡볶이

PART 5 다이어트 떡볶이

보기에도 먹음직스럽지만 입맛을 당기는 매콤 짭 조름한 맛 때문에 자꾸만 손이 가는 떡볶이입니다. 다이어트를 하는 중에도 피할 수 없는 술자리는 생기게 마련이죠. 닭가슴살 떡볶이는 다이어트를 하는 사람들이 칼로리 걱정을 조금 덜어 놓고 먹을 수 있는 술안주이기도 합니다.

닭가슴살은 결대로 썰어야 부서지지 않는다는 것을 명심하세요.

이렇게 만들어요

1 닭가슴살에 허브소금을 살짝 뿌린다.

2 팬에 올리브유를 두르고 떡과 고춧가루를 넣고 볶는다.

3 떡이 말랑해지면 썰어 놓은 닭 가슴살을 넣고 볶는다.

4 닭가슴살이 익으면 브로콜리를 넣고 볶는다.

난이도 ★☆☆
요리 양 1인분
조리 시간 20분
칼로리 300kcal

재료
....
호리호리떡 80g
닭가슴살 1쪽
브로콜리 1/4개
고춧가루 1/2T
올리브유 1T
허브소금 **약간**
....

고사리는 식이섬유소가 풍부하여 배변 활동을 도
와 다이어트에 좋은 음식입니다. 고사리는 단백질
이 풍부하고 칼슘과 칼륨 등 무기질 성분 또한 많이
함유되어 있어 '산에서 나는 쇠고기'로 불리기도 합
니다.
고사리를 나물로만 먹지 말고 떡볶이로 만들어 보
세요. 맛과 영양 게다가 다이어트까지 일석삼조랍
니다.

난이도 ★ ☆ ☆
요리 양 1인분
조리 시간 20분
칼로리 180kcal

재료
....
쌀떡 80g
고사리 100g
대파 1/2대
빨강고추 1/2개
파랑고추 1/2개
물 150ml
간장 2T
올리고당 1T
참기름 1/2T
....

이렇게
만들어요

1 고사리를 깨끗이 손질하고 자른다.

2 팬에 떡과 물, 간장, 올리고당을 넣고 끓인다.

3 떡이 말랑해지면 썰어 놓은 고사리를 넣는다.

4 대파와 고추를 넣고 참기름으로 마무리한다.

마라탕·떡볶이

한국의 전통 음식에만 떡이 어울리는 것은 아니다. 떡은 카레에도, 자장에도, 크림 소스에도 어울리는 팔방미인 재료이다. 다양한 나라의 음식을 만들 때 면이나 밥 대신 떡을 이용해 보자. 쫄깃쫄깃하면서도 맛있는 새로운 요리가 탄생할 것이다.

세계 속의 떡볶이

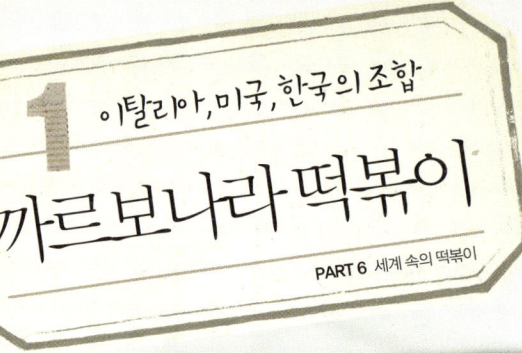

1
이탈리아, 미국, 한국의 조합
까르보나라 떡볶이

PART 6 세계 속의 떡볶이

'까르본(Carbone)'은 이탈리아 어로 '석탄'이라는 의미로, 광부들이 소금에 절인 고기와 달걀로 음식을 만들어 먹던 것이 시초가 되어 오늘날 까르보나라로 불리게 되었습니다.

크림을 넣고 걸쭉하게 만든 까르보나라는 미국에서 전파되었습니다. 제2차 세계대전 이후 미국으로 건너간 이탈리아 사람들에 의해 까르보나라가 전해지고 미국인의 입맛에 맞게 변형되면서 현재와 같은 형태가 되었다고 해요.

까르보나라 떡볶이는 이탈리아와 미국의 음식 문화에 우리 고유의 떡을 접목한 음식이랍니다.

난이도 ★★☆
요리 양 2인분
조리 시간 25분

재료
호리호리떡 150g
베이컨 3줄
양송이 5개
빨강피망 1/4개
파랑피망 1/4개
우유 100ml
생크림 50ml
소금 약간
후추 약간

이렇게 만들어요

1 피망은 다지고 양송이는 편으로 썬다.

2 베이컨을 바삭하게 구워 2cm 크기로 썬다.

3 팬에 생크림과 우유, 떡을 넣고 끓인다.

4 떡이 익으면 양송이, 베이컨, 다진 피망을 넣고 마지막에 소금과 후추로 간을 한다.

청나라 황제 강희제가 평복을 입고 여행을 가다 가
난한 부부에게 끼니를 청했습니다. 부부는 남은 채
소탕에 누룽지를 넣고 끓여 주었는데 바로 그것이
누룽지탕의 시초가 되었습니다. 맛에 감탄한 그가
부부에게 '천하제일의 음식'이라고 크게 글을 써 주
었는데 후에 그가 황제인 것을 사람들이 알게 되면
서 누룽지탕이 서민에게 널리 알려지게 되었다고
해요.
누룽지탕에 우리나라 떡볶이를 접목해 봤어요. 바
삭한 누룽지와 쫄깃한 떡의 조화가 일품이랍니다.

난이도 ★★☆
요리 양 2인분
조리 시간 30분

재료

한입떡 150g
누룽지 1장
모둠 해물 200g
양파 1/2개
빨강피망 1/4개
파랑피망 1/4개
노랑파프리카 1/4개
청경채 10g
물 100ml
굴 소스 1T
녹말물(물 2T+녹말 1T)
옥수수유 500ml
참기름 1T

이렇게
만들어요

1 채소를 한입 크기로 썬다.

2 냉동 해물을 해동시키고 물기
를 제거한다.

3 팬에 옥수수유를 넉넉히 두르
고 누룽지를 튀긴다.

4 팬에 참기름을 살짝 두르고 해
물과 떡을 넣고 볶는다.

5 물과 굴 소스를 넣고 끓이다가
썰어 놓은 채소를 넣는다.

6 녹말물을 풀어 넣고 튀겨 놓은
누룽지를 올려 마무리한다.

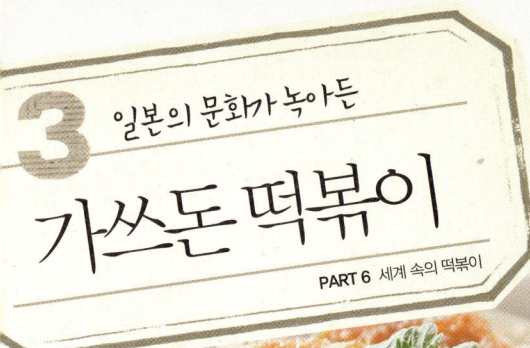

가쓰돈은 기름에 튀긴 돈가스를 밥에 올려 소스와 달걀을 풀어 먹는 일본식 돈가스 덮밥을 말합니다. 가쓰돈의 앞 단어 '가쓰'라는 말은 '이기다'라는 뜻의 '가쓰'와 발음이 같아서 일본에서는 수험생이나 꼭 이겨야 하는 시합이 있는 사람이 먹는 음식이기도 합니다.

바삭한 돈가스와 달걀, 짭조름한 소스가 쫄깃한 떡볶이 떡과도 잘 어울립니다. 소스가 촉촉이 밴 돈가스와 떡을 함께 먹으면 바삭한 맛과 쫄깃한 맛을 동시에 느낄 수 있답니다.

난이도 ★ ★ ★
요리 양 2인분
조리 시간 35분

재료

호리호리떡 100g
돈가스용 돼지고기 2장
달걀 4개
밀가루 50g
빵가루 100g
대파 1/2대
양파 1/2개
물 400ml
가쓰오 장국 50ml
옥수수유 500ml

1 돼지고기를 연육기로 두드려 넓게 편다.

2 돼지고기를 밀가루, 달걀, 빵가루 순으로 묻힌다.

3 만들어 놓은 돈가스를 기름에 튀긴다.

4 팬에 물과 가쓰오 장국을 넣고 끓이다 양파와 떡을 넣는다.

5 양파가 반쯤 익으면 돈가스를 넣고 달걀물을 붓는다.

6 달걀이 완전히 익기 전에 파를 넣고 완성한다.

퐁듀 떡볶이

4 고소한 치즈와 떡의 만남

PART 6 세계 속의 떡볶이

이렇게
만들어요

알프스 고지대의 사냥꾼들이 사냥 후 야영을 하던 중 굳은 치즈를 모닥불에 녹이다 녹은 치즈를 마른 빵에 찍어 먹기 시작했는데 바로 그것이 퐁듀의 유래가 되었습니다.

퐁듀 전용 치즈인 그뤼에르치즈는 일반 마트에서는 구하기 어렵습니다. 그대신 시중에 판매하는 크림스프에 피자치즈를 넣어도 퐁듀치즈 소스로 손색이 없습니다.

치즈의 풍미를 더하고 싶다면 브리치즈나 까망베르치즈를 넣어 주세요. 치즈에 깊은 맛을 더해 준답니다.

1 시중에서 판매하는 크림스프를 준비한다.

2 팬에 크림스프를 넣고 끓이다가 까망베르치즈와 브리치즈, 피자치즈를 넣는다.

3 치즈 덩어리가 완전히 풀어지도록 젓는다.

4 준비한 과일과 떡을 녹인 치즈에 찍어 먹는다.

난이도 ★☆☆
요리 양 2인분
조리 시간 20분

재료

꿀떡 10개
크림스프 1/2봉
까망베르치즈 20g
브리치즈 20g
피자치즈 200g
방울토마토 7알
씨 없는 포도 10알
바나나 1/2개

한국 길거리 음식의 대표 주자가 떡볶이라면 중국
길거리 음식의 대표 주자는 바로 마라탕입니다.
마라탕은 육수에 각종 재료를 기호대로 선택해서
즉석에서 데쳐 먹는 음식이에요. 중국의 마라탕에
는 매운맛을 내는 고추기름을 첨가해서 먹지만 마
라탕 떡볶이는 아이들까지 부담없이 먹을 수 있도
록 맵지 않게 만들었어요.
얼큰하고 매운맛을 느끼고 싶다면 청양고추나 고
춧가루를 첨가하고, 중국 고유의 마라탕을 느끼고
싶다면 중국 재료상에서 판매하는 마라탕 소스를
첨가하면 된답니다.

난이도 ★★★
요리 양 2인분
조리 시간 45분

재료
....
한입떡 150g
게맛살 1개
막대 어묵 3개
매화 어묵 5조각
소시지 4개
삶은 메추리알 5개
연근 2조각
유부주머니 2개
쑥갓 30g
양송이버섯 4개
표고버섯 2개
물 400ml
가쓰오 장국 2T
소금 약간
꼬치용 꼬치 9개
....

1 유부주머니를 제외한 모든 재
료를 꼬치에 꽂는다.

2 팬에 가쓰오 장국과 물을 넣고
끓인다.

3 국물이 끓으면 만들어 놓은 꼬
치를 넣고 소금으로 간을 한다.

4 재료가 어느 정도 익으면 떡과
유부주머니를 넣고 쑥갓은 먹
기 직전에 얹는다.

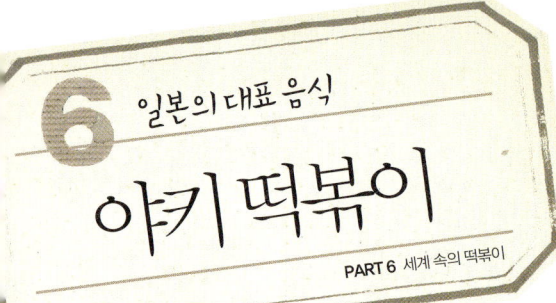

야키 소바는 일본의 대표적인 음식 중의 하나로 일
본 어디에서나 쉽게 맛볼 수 있는 대중적인 요리입
니다. 주재료로 숙주를 비롯한 다양한 채소, 돼지
고기, 우동면 등이 있습니다.

야키 떡볶이는 야키 소바의 느낌을 살린 떡볶이입
니다. 면 대신에 쫄깃한 떡을 넣어 야키 소바와는
또 다른 느낌으로 즐길 수 있답니다.

난이도 ★☆☆
요리 양 2인분
조리 시간 20분

재료
....

호리호리떡 150g
숙주 100g
양파 1/2개
빨강피망 1/4개
파랑피망 1/4개
물 150ml
데리야키 소스 5T
훈제 소스 1T
올리브유 1T
....

이렇게
만들어요

1 숙주는 씻어서 물기를 제거하
고, 피망과 양파는 채 썬다.

2 팬에 떡과 물을 넣고 끓인다.

3 떡이 말랑해지면 양파와 데리
야키 소스를 넣고 끓인다.

4 국물이 자작해지면 준비한 채
소와 훈제 소스, 올리브유를 넣
고 볶는다.

월남쌈 떡볶이

베트남 어로 '고이 꾸온' 혹은 '베트남쌈'이라고 불리는 월남쌈은 라이스페이퍼에 소면, 당근, 오이 등 각종 채소와 돼지고기, 새우, 버섯 등을 싸 먹는 베트남 전통 요리입니다.
얇게 썬 떡을 각종 채소와 함께 라이스페이퍼에 올려 먹으면 쫄깃쫄깃한 떡과 아삭아삭한 채소의 식감을 동시에 즐길 수 있습니다. 월남쌈 떡볶이는 땅콩버터 소스에 찍어 먹으면 더욱 맛있습니다.

난이도 ★☆☆
요리 양 2인분
조리 시간 20분

재료
....
가래떡 150g
라이스페이퍼 10장
당근 1/4개
양배추 20g
빨강피망 1/4개
파랑피망 1/4개
노랑파프리카 1/4개
뜨거운 물 100ml

땅콩버터 소스
땅콩버터 1T
올리고당 1/2T
식초 1/2T
....

1 채소는 채 썰어 준비한다.

2 가래떡은 데쳐서 얇게 편으로 썬다.

3 뜨거운 물에 라이스페이퍼를 적신다.

4 라이스페이퍼 위에 썰어 놓은 재료를 올려 말아 준 뒤 준비한 소스에 찍어 먹는다.

자장 떡볶이

PART 6 세계 속의 떡볶이

1883년 인천항이 개항되면서 중국 산둥 지방의 노동자가 많이 유입되자 산둥 지방의 토속장에 고기를 볶아 수타면과 함께 판매하기 시작한 것이 '자장면'의 시초입니다. 후에 인천에 차이나타운이 조성되면서 화교들이 채소와 고기를 넣어 한국인의 입맛에 맞는 자장면을 만들었습니다.

1960년대까지만 자장면은 고급 음식이었지만 시간이 흘러 가격과 맛이 변하면서 서민들의 음식으로 자리 잡게 되었답니다.

춘장을 우리의 떡과 함께 요리한 자장 떡볶이를 먹으며 중국과 한국 음식의 절묘한 조화를 느껴 보세요.

난이도 ★ ☆ ☆
요리 양 2인분
조리 시간 30분

재료
....
한입떡 150g
돼지고기 안심 90g
감자 1/2개
당근 1/4개
브로콜리 1/2개
양파 1/4개
물 200ml
춘장 2T
올리고당 1T
올리브유 2T
....

1 채소와 돼지고기를 한입 크기로 썬다.

2 팬에 올리브유를 두르고 고기를 볶는다.

3 고기가 반쯤 익으면 썰어 놓은 채소와 떡을 넣고 볶는다.

4 물과 춘장, 올리고당을 넣고 끓이다가 브로콜리를 넣는다.

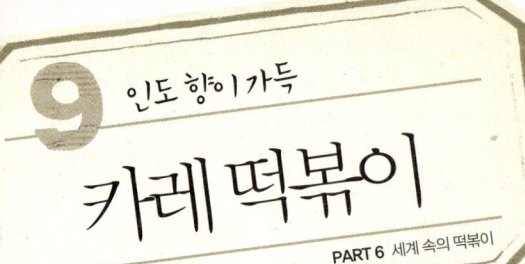

9 인도 향이 가득

카레 떡볶이

PART 6 세계 속의 떡볶이

카레는 인도 국민의 영양 실조를 예방하고 치료하기 위해 개발된 음식입니다. 실제 인도에서는 카레 가루가 따로 없다고 합니다. 10가지 종류의 향신료를 각 집마다 전해 오는 배합 비율대로 섞어서 카레를 만든다고 해요. 현재와 같은 분말 카레는 영국인에 의해 개발되어 상품화된 것이라고 합니다.
인도의 카레는 전 세계에 인도의 음식 문화를 알린 음식이랍니다. 카레에 우리 고유의 떡을 넣고 맛있는 카레 떡볶이를 만들었어요.

1 당근을 한입 크기로 썬다.

2 나머지 채소와 햄도 한입 크기로 썬다.

3 올리브유를 두르고 감자와 당근을 볶는다.

4 야채가 투명해지면 떡을 넣고 볶는다.

난이도 ★☆☆
요리 양 2인분
조리 시간 20분

재료
....
한입떡 150g
카레 가루 25g
햄 25g
감자 1개
당근 1/4개
브로콜리 1/2개
양파 1/2개
물 500ml
올리브유 2T
....

5 물에 카레 가루를 풀고 끓인다.

6 떡이 말랑해지면 양파와 브로콜리, 햄을 넣고 끓인다.

떡와플

떡핫도그에서부터 붕어떡, 떡와플, 떡초콜릿까지 어디서도 보지 못한, 떡을 이용한 독
특한 요리를 소개한다. 남들은 생각지도 못한 나만의 메뉴에 새롭게 도전해 보는 즐
거움을 만끽해 보자.

색다른 떡볶이

1 떡으로 만드는 핫도그

떡도그

PART 7 색다른 떡볶이

쫄깃한 떡볶이 떡이 소시지 안에 쏙 들어간 핫도
그, 일명 '떡도그'랍니다. 쫄깃하게 씹히는 떡과 부
드럽고 고소한 반죽이 잘 어울리는 간식입니다.
핫도그 반죽은 핫케이크 가루를 사용하면 쉽고 간
편합니다. 반죽을 되직하게 해야 예쁜 핫도그가 만
들어진답니다.
소시지를 끓는 물에 한 번 데쳐 사용하면 기름기와
염분을 어느 정도 제거할 수 있어요. 핫케이크 가
루 대신에 식빵 반죽을 사용하면 또 다른 느낌의 떡
도그를 만들 수 있답니다.

난이도 ★★☆
요리 양 2인분
조리 시간 35분

재료
....
호리호리떡 4개
프랑크 소시지 4개
핫케이크 가루 250g
달걀 1개
물 20ml
산적용 꼬치 4개
....

1 프랑크 소시지와 말랑말랑한 떡을 준비한다.

2 핫케이크 가루에 물과 달걀을 넣고 섞는다.

3 프랑크 소시지에 떡이 들어갈 수 있도록 젓가락으로 구멍을 낸다.

4 소시지 안에 떡을 넣고 꼬치를 꽂는다.

5 꼬치에 꽂은 소시지에 반죽을 고루 묻힌다.

6 반죽을 묻힌 소시지를 기름에 튀긴다.

떡볶이 떡이 들어간 붕어빵입니다. 앙금에 떡을 잘
게 썰어 넣어 쫄깃쫄깃 씹히는 맛이 그만인 색다른
붕어빵이에요. 딱딱하게 굳어 버린 인절미가 있다
면 떡볶이 떡 대신 넣어도 좋습니다.

붕어빵은 구워지는 동안 반죽이 부풀어 오르기 때
문에 조금 모자라다 싶을 정도로 반죽을 부어야 합
니다. 그렇게 해야 예쁜 모양의 붕어빵을 완성할
수 있답니다.

난이도 ★★☆
요리 양 2인분
조리 시간 40분

재료
....
호리호리떡 50g
핫케이크 가루 200g
딸기잼 50g
팥 앙금 50g
달걀 1개
물 100ml
우유 100ml
....

이렇게
만들어요

1 볼에 달걀을 잘 풀고 우유와 물
을 넣고 섞는다.

2 달걀물에 핫케이크 가루를 넣
고 젓는다.

3 팥 앙금에 썰어 놓은 떡을 넣고
섞는다.

4 딸기잼에도 썰어 놓은 떡을 넣
고 섞는다.

5 붕어빵 틀에 기름을 바르고 반
죽을 부은 후 속을 넣는다.

6 앞뒤로 노릇하게 굽는다.

3 가래떡 빼빼로

11월 11일은 가래떡 데이

PART 7 색다른 떡볶이

11월 11일이 꼭 빼빼로 데이라는 법이 있나요? 우리 고유의 음식을 사랑하자는 취지에서 11월 11일을 가래떡 데이로 지정해 보았습니다.
길죽한 가래떡으로 빼빼로와 같은 과자를 만들어 보았어요. 떡의 쫄깃함과 초콜릿의 달콤함이 만나 새로운 맛을 선사한답니다. 다가오는 빼빼로 데이에는 가래떡 빼빼로를 만들어서 선물해 보세요.

난이도 ★★☆
요리 양 2인분
조리 시간 40분

재료

가래떡 10개
밀크 초콜릿 100g
핑크 초콜릿 100g
화이트 초콜릿 100g
견과류 다진 것 10g
장식용 사탕 10g

이렇게 만들어요

1 그릴에 떡을 굽는다.

2 밀크, 핑크, 화이트 초콜릿을 준비한다.

3 초콜릿을 중탕해서 녹인다.

4 구운 떡을 녹인 초콜릿에 2/3 정도로 묻힌다.

5 녹인 초콜릿이 굳기 전에 떡에 묻힌다.

6 초콜릿에 다진 견과류와 장식용 사탕을 뿌리고 굳힌다.

바삭바삭한 과자를 좋아하는 분들에게 추천하는
떡과자입니다. 얇은 쌈떡을 기름에 튀겨 주면 쉽고
간편하게 바삭하고 고소한 과자를 만들 수 있어요.
쌈떡은 인터넷에서 쉽게 구매할 수 있어요. 여름에
는 떡을 살짝 얼려서 아이스크림과 함께 먹어도 별
미랍니다.
새콤달콤한 맛을 좋아한다면 잼이나 케첩을 곁들
여 주세요.

이렇게
만들어요

1 색색의 쌈용 떡을 준비한다.

2 떡이 녹기 전에 썬다.

3 떡을 기름에 튀긴다.

4 튀긴 떡은 기름기를 빼 잼이나
케첩에 찍어 먹는다.

난이도 ★☆☆
요리 양 2인분
조리 시간 20분

재료
....
쌈떡 4장
딸기잼 50g
옥수수유 500ml
....

5 촉촉한 와플에 쫄깃한 떡이 듬뿍

떡와플

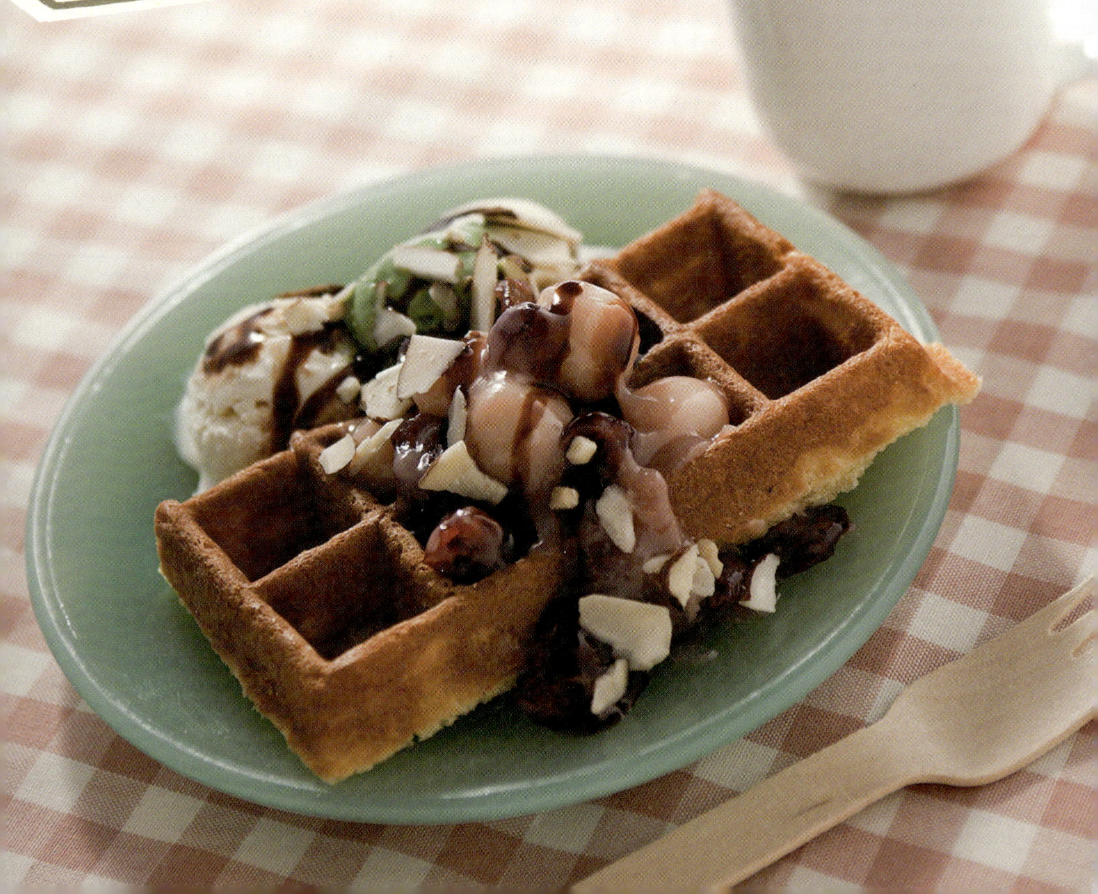

떡와플은 달콤한 디저트로 그만입니다. 딸기 초콜
릿으로 만든 떡볶이를 와플에 올리면 초콜릿 소스
가 와플에 스며들면서 부드러우면서도 촉촉한 떡
와플이 완성됩니다. 여기에 차가운 아이스크림을
곁들여 주면 맛이 일품입니다.
남은 가래떡이나 떡볶이 떡이 있다면 잘게 다져 와
플 반죽에 넣어 보세요. 부드러운 와플 속에 콕콕
박힌 떡이 새로운 맛을 선사한답니다.

난이도 ★★☆
요리 양 2인분
조리 시간 40분

재료
....
새알떡 100g
딸기 초콜릿 20g
딸기잼 1T
생크림 100ml
크렌베리 20g

와플
달걀 2개
박력분 140g
생크림 20ml
우유 80ml
버터 2T
설탕 2T
소금 약간
아몬드 가루 1/2T
베이킹파우더 1/2T
....

이렇게
만들어요

1 달걀을 거품기로 젓다가 우유
와 생크림, 설탕과 소금을 넣고
다시 젓는다.

2 체친 박력분과 베이킹파우더,
아몬드 가루, 버터를 섞는다.

3 와플 팬에 기름을 바르고 반죽
을 넣고 굽는다.

4 생크림을 끓이다가 딸기 초콜
릿을 넣는다.

5 초콜릿이 녹으면 딸기잼과 떡
을 넣고 젓는다.

6 크렌베리를 넣어 소스를 완성
하고, 구운 와플 위에 얹는다.

떡초콜릿

초콜릿과 떡은 잘 어울리지 않는다고 생각하기 쉽지만 의외로 굉장히 궁합이 좋습니다.
초콜릿은 카카오 매스와 카카오 버터가 들어간 다크 초콜릿, 기본 다크 초콜릿에 고형 우유가 첨가된 밀크 초콜릿, 카카오 매스가 전혀 들어가지 않은 화이트 초콜릿으로 나뉩니다. 그중에서 떡과 가장 잘 어울리는 초콜릿은 바로 밀크 초콜릿입니다.

난이도 ★☆☆
요리 양 2인분
조리 시간 30분

재료
모양떡 200g
밀크 초콜릿 100g
건포도 30g
슬라이스 아몬드 20g
생크림 100g
럼 1/2T

이렇게
만들어요

1 밀크 초콜릿과 슬라이스 아몬드, 건포도를 준비한다.

2 생크림을 끓인다.

3 밀크 초콜릿을 넣고 저으면서 녹인다.

4 초콜릿이 다 녹으면 럼을 넣어 향을 더한다.

5 떡을 넣고 초콜릿이 배도록 젓는다.

6 떡이 말랑해지면 슬라이스 아몬드와 건포도를 넣는다.

떡볶이 순대볶음

먹고 남은 떡볶이는 국물도 졸아붙고 떡도 금방 딱딱해져서 천덕꾸러기로 바뀌기 쉽다. 하지만 남은 떡볶이를 이용하여 요리를 하면 요리에 감칠맛을 더할 수 있다. 먹고 남은 떡볶이를 양념으로 활용해 요리를 해 보자. 새로운 맛을 즐길 수 있을 것이다.

남은 떡볶이 요리

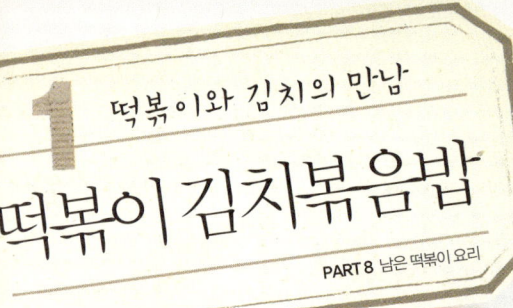

떡볶이와 김치의 만남

떡볶이 김치볶음밥

PART 8 남은 떡볶이 요리

이렇게
만들어요

잘 익은 김치는 유산균이 풍부해서 우리 몸의 노폐물을 정화시켜 줍니다. 또한 비타민 A, B, C가 골고루 함유되어 있어 우리 몸의 균형을 유지시켜 준답니다.

우리나라의 대표 음식인 김치와 우리나라의 대표 간식인 떡볶이가 만난 떡볶이 김치볶음밥. 떡볶이 소스와 김치가 만나 감칠맛을 더합니다. 먹고 남은 떡볶이가 있다면 바로 시도해 보세요.

1 김치와 양파, 대파는 다지고 남은 떡볶이는 잘게 썬다.

2 팬에 올리브유를 두르고, 다진 김치와 양파를 볶는다.

3 다진 떡볶이와 밥을 넣고 함께 볶는다.

4 밥에 양념이 배면 다진 대파를 넣고 볶는다.

난이도 ★☆☆
요리 양 1인분
조리 시간 20분

재료

남은 떡볶이 100g
김치 50g
밥 1공기
대파 1/4대
양파 1/4개
올리브유 2T

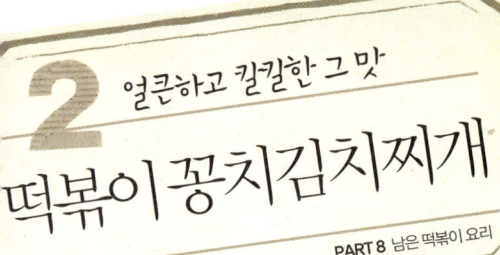

꽁치는 불포화 지방산이 다량 함유되어 있어 빈혈 예방이나 피로 회복에 좋은 식품입니다.

꽁치 통조림은 그냥 먹으면 비린내가 날 수 있기 때문에 양념을 넣고 찌개를 끓이거나 조림을 해서 먹으면 훨씬 더 맛있게 먹을 수 있어요.

떡볶이가 남았다면 꽁치 통조림과 김치를 넣어서 보글보글 맛있는 떡볶이 꽁치김치찌개를 끓여 보세요.

난이도 ★ ☆ ☆
요리 양 2인분
조리 시간 30분

재료
....
남은 떡볶이 100g
꽁치 통조림 400g
김치 150g
다진 마늘 1T
대파 1/4대
빨강고추 1/2개
물 500ml
....

이렇게 만들어요

1 대파와 빨강고추는 어슷하게, 김치는 한입 크기로 썬다.

2 팬에 남은 떡볶이를 넣고 김치와 꽁치 통조림 국물을 넣고 볶는다.

3 꽁치와 다진 마늘을 넣고 볶다가 물을 넣고 끓인다.

4 꽁치에 양념이 배면 대파와 빨강고추를 넣는다.

떡볶이 라면은 취향에 따라 요리할 수 있어요. 꼬들꼬들한 면과 떡볶이의 맛을 둘 다 살리려면 면을 삶다가 떡볶이를 넣고, 면과 떡볶이가 어우러진 부드러운 맛을 살리려면 떡볶이를 먼저 끓이다가 면을 넣어 주면 됩니다.
라면 스프 대신 가쓰오 장국과 다시용 멸치 그리고 떡볶이 양념을 활용하여 맛을 내면 훨씬 건강한 라면을 맛볼 수 있답니다.

난이도 ★ ☆ ☆
요리 양 1인분
조리 시간 20분

재료
....
남은 떡볶이 60g
라면 사리 1개
느타리버섯 20g
다시용 멸치 10마리
대파 1/4대
빨강고추 1/2개
양파 1/4개
고춧가루 1T
물 500ml
가쓰오 장국 1T
....

이렇게
만들어요

1 빨강고추와 대파는 어슷하게 썰고, 양파는 채 썬다.

2 가쓰오 장국과 다시용 멸치를 넣고 육수를 낸다.

3 고춧가루와 남은 떡볶이를 넣고 끓이다가 라면을 넣는다.

4 면이 반쯤 익으면 채소와 버섯을 넣는다.

구운 바게트에 떡볶이를 다져서 올리고, 굴 소스로
맛을 냈더니 멋진 핑거 푸드로 탈바꿈했네요.
떡볶이 브루스케타는 떡볶이를 잘게 다져 주는 것
이 포인트입니다. 먹기 편하고 빵과 더 잘 어우러
지게 하기 위해서죠.
떡볶이 브루스케타는 마늘 향이 나는 바삭한 바게
트나 담백한 비스킷과 잘 어울린답니다.

난이도 ★★☆
요리 양 2인분
조리 시간 30분

재료

남은 떡볶이 100g
바게트 6조각
느타리버섯 40g
양파 1/4개
빨강파프리카 1/4개
노랑파프리카 1/4개
파랑피망 1/4개
굴 소스 1T
올리브유 1T

오일 소스
올리브유 10T
다진 마늘 1T
바질 1T

이렇게
만들어요

1 버섯을 제외한 채소와 떡볶이
를 다진다.

2 다진 마늘과 올리브유, 바질을
섞어 오일 소스를 만든다.

3 150℃로 예열된 오븐에 오일
소스를 바른 바게트를 6분간
굽는다.

4 팬에 올리브유를 두르고 다진
채소와 버섯을 넣고 볶는다.

5 남은 떡볶이를 넣고 볶는다.

6 굴 소스를 넣어 간을 맞추고 구
운 바게트 위에 올린다.

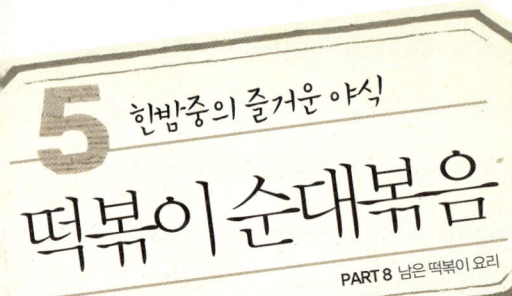

떡볶이와 순대는 궁합이 잘 맞는 음식 중의 하나입니다. 한밤중의 야식으로도, 손님 접대나 술안주로도 그만이지요.
순대를 조리할 때 정종이나 소주를 넣어 주면 잡냄새를 제거하는 데 효과적이에요. 순대가 너무 딱딱하다면 전자레인지에 살짝 돌린 후 요리해 주세요. 훨씬 부드럽고 쫄깃한 떡볶이 순대볶음을 만들 수 있답니다.

난이도 ★☆☆
요리 양 2인분
조리 시간 25분

재료
....
남은 떡볶이 200g
순대 150g
깻잎 10장
대파 1/2대
빨강고추 1/2개
양파 1/2개
가쓰오 장국 1T
들기름 2T
....

이렇게
만들어요

1 깻잎과 양파는 굵게 채 썰고, 대파와 빨강고추는 어슷하게 썬다.

2 시중에서 판매하는 순대를 준비한다.

3 들기름을 두르고 순대를 넣고 볶는다.

4 남은 떡볶이를 넣고 볶는다.

5 순대와 떡볶이가 볶이면 양파를 넣고 볶는다.

6 양파가 익으면 남은 채소를 넣고 가쓰오 장국으로 간을 한다.

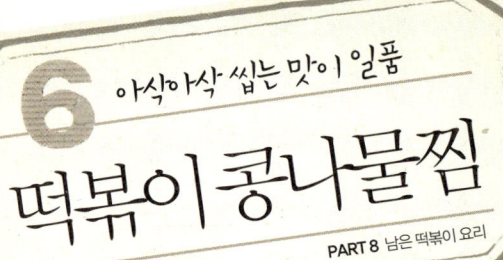

이렇게
만들어요

남은 떡볶이로 콩나물찜을 만들면 떡에 밴 양념 때
문에 별다른 양념 없이도 맛있는 찜을 만들 수 있습
니다.
아삭아삭한 콩나물찜을 만들고 싶다면 콩나물을
살짝 데쳐 찬물에 담가 준 뒤 콩나물찜 양념과 버무
려 주면 된답니다.
남은 콩나물은 그냥 보관하기보다 비닐봉지에 찬
물을 담아 공기를 빵빵하게 만든 후 콩나물을 넣어
주면 훨씬 신선하게 보관할 수 있습니다.

난이도 ★☆☆
요리 양 2인분
조리 시간 35분

재료
....
남은 떡볶이 200g
콩나물 150g
다진 마늘 1/2T
대파 1/4대
양파 1/4개
고춧가루 2T
물 100ml
녹말물(물 3T+전분 1T)
참기름 1/2T
....

1 콩나물은 씻어서 물기를 제거
하고, 채소는 썬다.

2 콩나물을 바닥에 깔고 그 위에
떡볶이와 고춧가루, 다진 마늘,
물을 넣고 뚜껑을 덮어 끓인다.

3 콩나물이 익으면 채 썬 양파와
참기름을 넣고 볶는다.

4 녹말물을 넣고 기호에 따라 대
파를 넣고 볶는다.

7 알록달록한 채소들의 향연
떡볶이 프리타타

PART 8 남은 떡볶이 요리

떡볶이가 남았다면 냉장고에 있는 채소를 한데 모아 프리타타를 만들어 보세요.

프리타타는 이탈리아식 오믈렛으로 갖가지 달걀과 채소를 섞어 두껍게 구워 내는 요리입니다. 재료를 다양하게 넣을 수 있어 취향에 따라 만들어 먹을 수 있어요. 프리타타는 우유를 넣어서 만들기도 하지만 생크림을 넣어 주면 한층 더 부드럽고 고소한 맛을 낼 수 있답니다. 오븐이 없다면 프라이팬에 구워도 괜찮습니다.

난이도 ★★☆
요리 양 2인분
조리 시간 30분

재료
....
남은 떡볶이 60g
달걀 3개
베이컨 4줄
시금치 50g
양파 1/4개
빨강피망 1/4개
파랑피망 1/4개
노랑파프리카 1/4개
생크림 5T
소금 약간
....

이렇게 만들어요

1 시금치와 베이컨을 한입 크기로 썰고 나머지 채소는 다진다.

2 팬에 베이컨을 볶는다.

3 달걀을 풀어 생크림과 섞고 소금으로 간을 한다.

4 달걀물에 남은 떡볶이와 다진 채소, 시금치를 섞는다.

5 채소와 섞은 달걀물을 오븐용 그릇에 붓는다.

6 150℃로 예열한 오븐에서 25분간 굽는다.

떡볶이 피자

PART 8 남은 떡볶이 요리

식빵에 남은 떡볶이를 넣고 피자를 만들면 한 번에 떡볶이와 피자 두 가지를 동시에 즐길 수 있는 별미가 된답니다.

떡볶이에는 이미 양념이 되어 있기 때문에 피자 소스는 많이 발라 주지 않아도 괜찮아요. 소스를 식빵 바깥쪽까지 발라 줘야만 식빵 모서리까지 맛있게 먹을 수 있는 떡볶이 피자가 만들어진답니다.

난이도 ★☆☆
요리 양 1인분
조리 시간 20분

재료

남은 떡볶이 60g
식빵 1개
소시지 1개
양파 1/4개
빨강피망 1/4개
파랑피망 1/4개
피자 소스 2T
피자치즈 100g
파르메산치즈 가루 **약간**
파슬리 **약간**

이렇게 만들어요

1 피망과 양파는 잘게 다지고, 떡볶이와 소시지는 모양을 살려 썬다.

2 식빵의 한쪽 면에 피자 소스를 펴 바른다.

3 피자 소스 위에 썰어 놓은 떡볶이를 올린다.

4 소시지와 다진 채소를 골고루 얹는다.

5 피자치즈를 듬뿍 올려 재료를 덮는다.

6 180℃로 예열된 오븐에서 10분간 굽고 마지막에 파르메산치즈 가루와 파슬리를 뿌린다.

전국 각지에는 유명한 떡볶이 가게가 많다. 떡볶이는 그 지역의 특징에 따라 맛도, 먹는 방식도 각양각색이다. 서울의 기름 떡볶이부터 제주도의 사랑 떡볶이까지 떡볶이 팔도 여행을 떠나 보자.

팔도 떡볶이

팔도 떡볶이 1

기름떡볶이

서울-통인시장

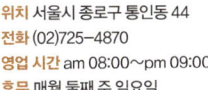

옛날 할머니 원조 떡볶이

위치 서울시 종로구 통인동 44
전화 (02)725-4870
영업 시간 am 08:00~pm 09:00
휴무 매월 둘째 주 일요일

종로 경복궁 근처에 자리 잡은 통인시장에 들어서자마자 사람들이 북적이는 가게가 보인다. 철판에는 떡볶이가 지글지글 구워지고 있다.

점심시간이 지났는데도 불구하고 외국인들이 삼삼오오 모여 떡볶이와 빈대떡, 전을 맛있게 먹고 있다. 우리나라 떡볶이가 외국인들에게 사랑받고 있다니……. 내심 뿌듯하다. 50년이 넘는 세월 동안 기름 떡볶이를 판매했다는 주인 할머니의 빠른 손길에서 세월의 흐름이 느껴진다.

"기름 떡볶이는 어떻게 개발하셨어요?"

"그냥 떡볶이는 양념이 뚝뚝 흘러서 불편하잖아. 그래서 만들었지 뭐."

이유야 간단하지만 우리는 안다. 이런 작은 발상이 큰 발명품을 만들어 낸다는 것을. 떡볶이는 양념 떡볶이와 간장 떡볶이로 나뉜다. 가격은 각각 3,000원이다. 처음에는 사뭇 다른 떡볶이 맛에 고개가 갸웃거려진다. 단맛이 전혀 나지 않는 떡볶이는 먹으면 먹을수록 고소한 맛과 매콤한 맛이 입안에 퍼진다. 고소한 맛이 나는 간장 떡볶이와 기름과 매운 양념이 잘 조화된 양념 떡볶이는 씹을수록 별미다. 양념 떡볶이는 바삭바삭하면서 짭조름한 맛 때문에 한 번 손을 대면 쉽게 멈출 수 없다. 서울 통인시장에 들렀다면 먹으면 먹을수록 빠져드는 기름 떡볶이를 맛보는 기회를 놓치지 말자.

국물 떡볶이

문산·제일시장

수원 떡볶이

위치 경기도 파주시 문산읍 문산리
10-31
전화 (031)953-6909
영업 시간 am 10:00~pm 08:00
휴무 매주 일요일

문산은 추억이 가득한 나의 고향이다. 어머니는 내 손을 잡고 종종 떡볶이 가게로 데려가곤 했다. 큰 대접에 국물이 가득했던 떡볶이는 아직도 기억에 생생하다. 다른 곳에 없는 고향의 국물 떡볶이를 소개하고자 문산 재래시장을 방문했다.

그 당시 할머니가 하던 가게를 며느리가 이어받았는데, 갓 시집 온 새댁이었던 며느리의 이마에는 어느새 주름이 곱게 잡혀 있다. 내 기억 속에 있는 하얀 국물 떡볶이는 안 한 지 오래라고 했다.

"국물 떡볶이가 먹고 싶어서 여기까지 왔는데 만들어 주시면 안 될까요?"

내 부탁에 아주머니가 후다닥 국물 떡볶이를 만들어 주었다. 어묵 국물에 밀가루 떡이 퐁당퐁당 들어가 있는 떡볶이는 누가 보면 떡이 들어 있는 어묵탕이라고 하겠지만 나에게는 추억의 떡볶이다. 냄비에서 끓고 있는 떡볶이가 먹음직스러워 보여서 빨간 떡볶이도 1인분 더 주문했다. 가격은 1인분에 2,000원이다. 아주머니는 손님이 있건 말건 신경 쓰지 않고 쇠고기 조미료를 탁탁 털어 넣는다. 조미료 사용에 관한 찬반론이 끊임없이 계속되고 있지만 뭐, 어떠랴? 가끔씩은 웰빙, 친환경을 떠나서 그저 입에 맞는 것을 먹고 싶다.

40년이라는 세월이 지났는데도 불구하고 그곳은 예전 맛을 그대로 지니고 있었다. 아주머니는 문산에서 최고로 맛있는 떡볶이집이라는 자부심을 가지고 떡볶이를 만든다고 했다. 소문을 듣고 찾아오는 기자들과 손님들도 많다고 한다. 세월이 지나도 변하지 않는 맛. 그 맛에는 지나간 시절의 추억과 그리움이 배어 있다.

명동 명물 떡볶이

춘천 중앙시장

명동 명물 떡볶이

위치 강원도 춘천시 중앙로 2가 42-1
전화 (033)254-0171
영업 시간 am 07:00~pm 09:00
휴무 연중 무휴

춘천 중앙시장에 유명한 떡볶이 가게가 있다는 소문을 듣고 직접 가 보았다. 보글보글 끓고 있는 떡볶이와 바삭해 보이는 튀김, 먹음직스러운 도넛과 뽀얀 찐빵이 입구에 한가득 쌓여 있다.

드라마 〈겨울연가〉를 촬영할 때 배용준 씨가 앉았다는 곳에 자리를 잡았다. 웃음을 머금은 할머니와 유명 연예인들이 함께 찍은 사진이 가게 벽면 곳곳에 장식되어 있다.

먼저 떡볶이를 시켰다. 일반 밀떡보다 조금 더 큰 사이즈의 떡이 말랑말랑하게 씹힌다. 고추장으로 만든 양념에 들어간 후추가 톡 하고 끝맛을 마무리해 준다. 이곳 떡볶이에도 어묵은 없다. 다양한 종류의 튀김은 바삭바삭한 맛이 일품이다.

튀김을 맛있게 먹자 갓 튀겼다며 또 한 번 접시에 담아 주는 인심에서 따뜻한 정이 느껴진다.

떡볶이와 튀김을 1인분씩 뚝딱 해치우고 나자 김이 모락모락 나는 하얀 찐빵이 눈에 들어온다. 테이블 곳곳에서 맛있게 먹는 모습이 보여 찐빵 1인분을 더 주문했다. 반을 가르자 김을 내뿜는 빵 속에 가득 들어 있는 팥 앙금이 보인다. 막걸리 향이 나는 빵과 달달한 앙꼬를 함께 씹는 맛이 어린 시절 먹던 맛 그대로이다. 춘천의 명물 떡볶이로 자주 사람들의 입에 오르내리는 중앙시장의 떡볶이 가게. 추억의 맛과 넉넉한 인심, 쾌활한 할머니의 사랑이 가득한 곳이다.

뚝배기 떡볶이

충북–서원대 앞

대성당 떡볶이

위치 충청북도 청주시 흥덕구 무심서로 241
전화 (043)285-1553
영업 시간 am 10:00~pm 09:00
휴무 연중 무휴

뚝배기 떡볶이는 청주를 대표하는 떡볶이다. 긴 가래떡과 달걀, 쫄면을 넣고 뚝배기에 보글보글 끓이는 떡볶이는 과연 어떤 맛일까? 뚝배기 떡볶이 집은 중학교, 고등학교, 대학교가 모여 있는 곳에 자리 잡고 있는데, 백이면 백 모두가 다 아는 곳이라 찾는 데 어려움이 없었다. 들어가자마자 뚝배기 떡볶이를 주문했다. 가격은 3,000원이다. 잠시 후에 라면 냄새를 풍기며 보글보글 끓는 뚝배기가 나왔다.

한 김 식히고 나서 보니 얇고 긴 떡 6개와 쫄면, 어묵, 삶은 달걀 한 개가 들어 있다. 부드러우면서도 쫄깃쫄깃한 떡은 밀가루와 감자가루를 섞어서 만들었다. 단맛이 덜하고 시원해 마치 얼큰한 라면을 먹는 느낌이다. 쫄면은 빨리 불기 때문에 먼저 건져 먹는 것이 뚝배기 떡볶이를 맛있게 먹는 방법이다. 떡볶이를 다 먹고 옆 테이블을 보니 떡볶이 국물에 밥을 쓱쓱 비벼 먹는다. 오호라! 뚝배기 떡볶이는 저렇게 먹어야 제 맛인가 보다. 그냥 갈 수 없어서 뚝배기 떡볶이 1인분과 밥 한 그릇을 더 주문했다. 쫄면과 떡을 조금 남기고, 삶은 달걀을 깨트린 다음 밥과 함께 비벼 먹는 게 바로 이 뚝배기 떡볶이를 제대로 먹는 방법이다. 밥을 비벼 먹으니 그 맛이 색다르다. 청주에 들른다면 이 색다른 뚝배기 떡볶이를 맛보길 권한다.

변강쇠 떡볶이

대전 중앙시장

떡볶이 가게가 몰려 있는 곳 중에서도 유난히 사람이 많이 드는 곳이 있다. 대전 중앙시장에도 그런 떡볶이 가게가 있다. 사람이 많은 것으로 보아 맛은 보장되겠구나 싶어 자리를 잡았다. 특이하게도 떡볶이가 변강쇠맛, 옹녀맛으로 나뉜다. 센스 만점인 주인 아주머니가 매운맛 떡볶이는 힘이 센 변강쇠맛으로 이름 짓고, 조금 덜 매운맛 떡볶이는 옹녀맛으로 이름 지었다.

변강쇠 떡볶이는 특이하게도 어묵이 없다. 떡과 버무려져 있는 것이 어묵인 줄 알고 한입 물었는데, 어라? 어묵이 아니라 김말이 튀김이다. 떡볶이 소스에 담겨 있는 김말이 튀김은 그 맛이 일품이지만 시간이 흐르면 퉁퉁 부는 단점 때문에 양념에 버무려 놓기 쉽지 않다.

"아주머니 이렇게 김말이를 넣어 놓으면 불지 않나요?"

"손님이 몰리는 시간에 딱 맞춰서 넣지. 그러면 안 불고 괜찮아. 딱 팔 만큼만 넣어서 다 팔아 버려."

팔릴 만큼의 양을 미리 계산하고 김말이를 넣는 것은 오랜 시간 동안 떡볶이를 만들어 온 아주머니만의 노하우다.

떡볶이는 1인분에 2,000원인데 계란이 두 개나 들어 있어 서로 계란을 먹겠다고 싸우지 않아도 된다.

변강쇠 떡볶이는 떡볶이판에 불이 직접 닿는 직화 방식이 아니라 뜨거운 물에 올려놓고 끓이는 중탕 방식으로 만든다. 여기에 양념은 숙성시킨 다대기를 넣는다. 고춧가루 다대기를 넣어서 풋내가 조금 나는데 바로 이것이 대전 떡볶이 스타일이라고 한다.

떡볶이를 먹는 잠깐의 시간에도 사람들이 우르르 몰려왔다 가곤 했다. 아주머니는 기다리는 손님들에게 서비스로 어묵을 주기도 했다. 아주머니의 센스가 가득한 대전 중앙시장 골목의 작은 떡볶이 가게. 대전 중앙시장을 가게 되면 옹녀 떡볶이, 변강쇠 떡볶이를 한 번 맛보고 오기 바란다.

싱글벙글 떡볶이

위치 대전시 중구 은행동 중앙시장
제일은행 뒤편
전화 010-3418-6159
영업 시간 am 09:00~pm 09:00
휴무 매월 첫째, 셋째 일요일

떡집 떡볶이

전북-전주 중앙시장

무궁화 떡집

위치 전라북도 전주시 완산구 태평동
　　36-1
전화 (063)272-6277
영업 시간 am 06:00~pm 09:00
휴무 매주 화요일

음식 솜씨가 좋다고 소문이 자자한 전라도 전주에는 어떤 떡볶이가 있을까? 전주에는 고구마가 들어간 떡볶이가 유명하다. 푹 익은 양파와 대파, 쫄깃한 떡과 고구마가 들어간 떡볶이는 물엿이 넉넉하게 들어가 끈적끈적한 것이 특징이다. 그러나 이 떡볶이는 이미 많은 사람이 아는 떡볶이이기 때문에 전주 사람들만 아는 떡집 떡볶이를 탐방해 보기로 했다.

전주의 한 호텔리어가 알려 준 떡집 떡볶이는 전주 재래시장에 있는 떡골목에 자리 잡고 있다. 떡으로 유명한 떡골목에 들어서자마자 보글보글 끓고 있는 떡볶이가 보인다. 50년 전통의 떡집에서 만들어 내는 떡볶이는 무슨 맛일까?

말랑말랑한 쌀떡이 들어간 떡볶이는 단맛 대신 깊은 맛이 난다. 비법을 물었다.

"고추장과 고춧가루, 다진 양파, 마늘을 넣어서 김치 양념이랑 똑같이 소스를 만들어요. 벌써 50년째 그렇게 만들고 있습니다."

비밀은 바로 김치 양념이었다. 골고루 섞인 떡은 1인분에 2,000원이다. 값도 저렴하고 맛도 그만이다. 떡집에서 떡볶이 떡을 뽑는데 이왕이면 이 떡으로 떡볶이를 만들어 보자는 생각에 처음 장사를 시작했다고 한다.

50년 전통의 떡으로 만드는 떡볶이가 있는 전주의 중앙시장. 제대로 만든 떡맛을 보고 싶다면 전주를 찾아가 보자.

팔도 떡볶이 7

상추튀김 떡볶이

전남-광주 떡볶이 골목

광주김밥

위치 광주시 충장로 무등극장 후문
전화 (062)232-3049, 223-9888
영업 시간 24시간 영업
휴무 연중 무휴

떡 볶이만 시켜도 잡채, 미역 초무침, 어묵이 푸짐하게 나오는 곳이 있다는 말에 냉큼 광주로 향했다. 광주 시내의 떡볶이골목에 들어서자마자 맛있는 냄새가 풍겨온다. 끓고 있는 떡볶이 앞에 튀김들이 먹음직스럽게 쌓여 있다. 가게 안의 메뉴판에는 상추튀김이 적혀 있다. 상추로 튀김을? 이리저리 둘러보아도 상추로 보이는 튀김은 없다. 다만 테이블마다 소쿠리에 담긴 싱싱한 상추가 보일 뿐이다.

"아주머니, 상추튀김이 뭐예요?"

"여기 사람이 아닌가 보네잉. 이 튀김을 상추에 싸서 먹는 거야."

인상 좋은 주인 아주머니가 갓 튀겨 낸 동글동글한 튀김을 보여 주며 환하게 웃는다. 떡볶이와 상추튀김을 1인분씩 주문하자 한 상 가득 음식들이 채워진다. 기본으로 나오는 미역 초무침과 잡채, 어묵 국물, 된장, 고추, 상추까지 보기만 해도 배가 부르다. 쌀떡으로 만든 떡볶이를 먼저 맛보았다. 쫄깃쫄깃한 쌀떡은 달달한 맛이 다소 강한 편이다. 독특하게도 굵은 쌀떡을 미리 잘라 놓고 떡볶이를 만든다. 잘라 놓기 때문에 양념이 빨리 밴다. 떡볶이 위에 얹어 나오는 잘게 썬 대파와 함께 먹으니 대파 특유의 향과 아삭함이 떡볶이와 어우러져 그 맛이 일품이다.

상추튀김은 오징어와 야채가 들어간 튀김을 상추 위에 올리고 양념 간장에 싸서 먹는 음식이다. 떡볶이와 튀김을 함께 싸 먹으면 또 다른 맛을 느낄 수 있다. 상추튀김과 밑반찬이 푸짐하게 나오는 떡볶이는 꼭 한 번 맛보아야 할 광주의 별미이다.

달고 떡볶이

대구-신내당시장

이번에는 달고 떡볶이가 있다는 대구의 신내당시장으로 걸음을 옮겼다. 달고 떡볶이는 떡볶이 가게의 상호이자 신내당시장 떡볶이들의 총칭이기도 하다. 왜 달고 떡볶이인가 하니, 이 지역의 랜드마크가 달성고등학교라 달고 떡볶이라는 이름이 붙었다고 한다. 포장마차 떡볶이 집부터 시작해서 신내당시장이 재개발된 지금까지 신내당시장의 터줏대감으로 자리 잡고 있다.

흔히 보는 떡볶이와 달리 떡볶이 소스가 아니라 국물이 가득한 떡볶이판에 떡볶이 떡이 가득하다. 떡볶이 소스가 덜 졸아서 국물이 가득한게 아니라 원래 국물이 많은 것이 특징이다.

"1인분 주세요."를 외치기가 무섭게 플라스틱 국자로 한 가득 떡볶이를 퍼 준다. 떡볶이의 1인분 가격은 단돈 1,000원! 접시 가득 나오는 떡볶이와 국물에 퐁당 빠져 있는 당면만두 3개까지 이렇게 많은 양이 단돈 1,000원이다.

달고 떡볶이는 밀떡으로 만든다. 처음부터 소스와 떡을 함께 끓여 조리하는 것이 아니라 미리 삶아 놓은 떡을 떡볶이 국물에 넣는 방식이다. 떡이 팽창되어 있는 상태에서 소스와 만나기 때문에 떡이 쉽게 소스를 흡수하는 것이 특징이다. 국물 가득한 떡볶이에 푹 담겨 있는 만두는 겉은 바삭바삭하고 속은 떡볶이 소스를 머금고 있어 떡볶이와 환상적인 궁합을 이룬다.

소스는 김치를 담는 굵은 고춧가루를 숙성시켜서 만든다. 숙성이 잘 된 소스에서는 발효 거품이 보글보글 올라온다. 그래서 국물은 김치 국물처럼 칼칼하고 개운하다.

대구 신내당시장에 있는 달고 떡볶이는 떡볶이 마니아라면 한 번쯤 들러 보아야 할 곳이다.

달고 떡볶이

위치 대구시 달서구 두류동 486-2 삼등그린빌아파트 상가 113동 107호
전화 (053)655-0877
영업 시간 am 11:00~pm 10:00
휴무 매주 일요일

가래떡 떡볶이

부산ㅡ남포동떡볶이골목

부산국제영화제가 생기기 전부터 떡볶이골목으로 자리 잡은 남포동 먹자골목에는 호떡, 비빔 당면, 유부 주머니 등 여러 가지 길거리 음식이 있다. 그중에 가장 눈에 띄는 것은 바로 검붉은 떡볶이를 파는 포장마차들이다.

떡볶이와 함께 순대, 만두, 전, 닭꼬치, 어묵 등 다양한 분식 종류를 함께 판매하는 게 바로 부산 떡볶이골목의 특징이다. 떡볶이 철판 옆에는 부산 어묵과 꼬치에 꽂혀 있는 큼지막한 가래떡이 있다. 어묵 국물에 적당히 분 보들보들한 가래떡 꼬치는 서울에서는 보기 힘든 음식이다.

가래떡 꼬치를 먹는 사이 주문한 떡볶이와 만두가 범벅이 되어 나온다. 부산 떡볶이는 전이나 만두와 함께 범벅으로 해 먹는 게 제 맛이다. 부산 떡볶이의 특징이라고 할 수 있는 길고 두꺼운 가래떡과 부산 어묵이 걸쭉한 소스에 먹음직스럽게 버무려져 있다.

부산 떡볶이는 매워 보이지만 막상 먹어 보면 생각만큼 맵지 않다. 떡볶이 소스가 검붉은 색을 띠는 것은 고추장 때문이 아니라 맥아 물엿 때문이다.

사람들이 물밀듯이 몰려와 떡에 소스가 배기도 전에 떡볶이가 팔려 나간다. 남포동 먹자골목에서 떡볶이를 먹어 본 사람 중에는 맛있다고 하는 사람과 실망했다고 말하는 사람으로 극명하게 나뉘는데 그 차이는 양념에 바로 버무려 나온 떡볶이를 먹었느냐, 충분히 끓인 떡볶이를 먹었느냐에 따라서 다를 수도 있겠다는 생각이 든다.

군만두는 겉은 바삭바삭하고 속에는 고기소가 실하게 들어 있다. 만두를 먹다가 보글보글 끓고 있는 색다른 닭꼬치가 있기에 맛을 보았다. 닭고기와 가래떡을 번갈아 꼬치에 끼운 후 보글보글 끓는 국물에 담가 놓았다. 국물은 탕에 가까운데 얼큰하고 개운하다. 닭고기도 담백하고 보들보들한 가래떡도 맛있다.

부산의 색다른 먹거리 문화를 느끼고 싶다면 남포동 먹자골목으로 떠나 보자.

남포동 떡볶이골목

위치 부산시 중구 신창동 4가, 자갈치역
7번 출구 영화 거리
영업 시간 am 10:00~pm 10:00
휴무 연중 무휴

사랑 떡볶이

제주도-동문시장

사랑 분식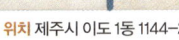

위치 제주시 이도1동 1144-2
전화 (064)757-5058
영업 시간 am 11:00~pm 9:30
휴무 연중 무휴

제주도 여행을 다녀온 사람들이 꼭 한 번씩 이야기하곤 하는 떡볶이 집을 가기 위해 제주도로 향했다. 사람들의 입에 오르내리는 떡볶이집은 제주도시 동문시장에 자리 잡고 있는 '사랑 떡볶이'이다.

무엇을 먹을까 고민하다가 사랑식을 주문했다. 사랑식은 떡볶이, 김밥, 만두가 한 세트로 나오는 메뉴인데 독특하게 김밥이 떡볶이에 담겨 나온다. 맛깔나 보이는 떡볶이를 먼저 맛보았다. 쫄깃한 떡볶이 떡은 쌀떡과는 느낌이 조금 다르다. 가래떡보다 조금 얇게 뽑은 떡을 잘라서 사용하는데 쌀과 전분이 7:3으로 섞여 있다고 한다. 사랑 떡볶이는 걸쭉한 국물을 넉넉하게 주는 것이 특징이다. 매운맛보다는 단맛이 강한데 서울에서 파는 떡볶이와 비슷한 맛이 난다.

제주도는 떡볶이 국물에 김밥, 튀김, 순대 등을 찍어 먹기 때문에 국물을 넉넉하게 준다. 떡볶이 국물에 찍어 먹는 김밥도 별미고 함께 나오는 튀김만두도 맛이 좋다. 떡볶이 속에 만두를 넣어 두면 겉이 흐물거리기 때문에 만두는 따로 담아 준다. 그 덕분에 더욱 고소하고 바삭한 만두를 맛볼 수 있다. 제주도에 들른다면 제주도의 넉넉한 국물 맛이 매력적인 제주도 떡볶이를 한 번 맛보자.

〈요리가 된 떡볶이〉
푸드 스타일링: 이현경
사진: 박진희